THE TEA BOOK

“文化生活”百科丛书

茶叶百科

THE TEA BOOK

【加拿大】琳达·盖拉德（Linda Gaylard） 著
王 晋 译

電子工業出版社
Publishing House of Electronics Industry
北京 · BEIJING

A DORLING KINDERSLEY BOOK
WWW.DK.COM

Original Title: The Tea Book

版权贸易合同登记号　图字：01-2016-0326

图书在版编目（CIP）数据

茶叶百科 /（加）盖拉德（Gaylard，L.）著；王晋译 . —北京：电子工业出版社，2016.5
书名原文：The Tea Book
ISBN 978-7-121-28259-1

Ⅰ. ①茶…　Ⅱ. ①盖…　②王…　Ⅲ. ①茶叶—介绍
Ⅳ. ① TS272.5

中国版本图书馆 CIP 数据核字（2016）第 043998 号

策划编辑：郭景瑶　张　昭
责任编辑：雷洪勤
印　　刷：鸿博昊天科技有限公司
装　　订：鸿博昊天科技有限公司
出版发行：电子工业出版社
　　　　　北京市海淀区万寿路 173 信箱　邮编 100036
开　　本：850×1168　1/16　印张：14　字数：224 千字
版　　次：2016 年 5 月第 1 版
印　　次：2018 年 8 月第 3 次印刷
定　　价：118.00 元

凡所购买电子工业出版社图书有缺损问题，请向购买书店调换。若书店售缺，请与本社发行部联系，联系及邮购电话：（010）88254888，88258888。

质量投诉请发邮件至 zlts@phei.com.cn，盗版侵权举报请发邮件至 dbqq@phei.com.cn。

本书咨询联系方式：（010）88254210，influence@phei.com.cn，微信号：yingxianglibook。

A WORLD OF IDEAS:
SEE ALL THERE IS TO KNOW

www.dk.com

目　录

前　言

当别人知道我是名茶艺师时，常常会问我两个问题：第一，什么是茶艺师？第二，我是如何爱上茶的？

我想先回答第二个问题。也许有人会说我肯定在某一特定时刻放弃了茶包，转而奉行真正的茶道，但事实并非如此。认识茶是一个渐进的过程，随着认识的加深，我对茶的看法也在慢慢改变。通过研究茶，体验茶文化，走访茶的原产地，求教茶道大师，我发现自己已经完全沉浸在茶的世界中。

随着我不断了解不同茶艺的独特风格，以及备茶和奉茶的传统，我一点点参透了不同茶文化的细微差别。虽然今天我们仍会遵行古代流传下来的仪式和传统，但很多现代茶品不断涌现，比如调饮茶、冷泡茶、拿铁茶，这让我们有了更新的体验。我很喜欢创造调制新茶品的方法，有时会将两种或多种茶文化中的做法合二为一。

至于第一个问题，现在还没有确切的答案，我希望在我回答了如何爱上茶之后，可以为解答第一个问题带来一些曙光。茶艺师肩负着一项艰巨任务：让饮茶之人明白茶不是一个杯子和一个茶包的简单相加，茶的背后是一个有待探索的全新世界，其中涉及工艺、历史、旅游、行业、文化和仪式等诸多方面。

我希望《茶叶百科》可以带你进入到这个极具吸引力的广阔世界。不管你是刚刚接触茶，还是已经能分辨出乌龙茶和普洱茶，你都会在本书中发现有趣的亮点。我希望你也会迷上茶，迷上茶所带来的奇妙之旅。

琳达 • 盖拉德

何谓茶？

今天的爱茶人

今天，我们可以买到的优质茶叶和泡茶工具比以往任何时候都多，因此爱茶人中间形成了这样一种文化，他们渴望学习有关茶的知识，享受新的品茶体验。

20世纪上半叶，全球各地饮用的都是散装茶。随着人们生活方式的改变，便利的重要性超过了口味和传统，消费者开始青睐使用方便的茶包泡茶。现在，有鉴别能力的饮茶人正重拾对散装茶的喜爱，锻炼自己的品鉴能力，并学习各种有关佳茗的知识。这些茶，他们可以在家中冲泡，也可以在餐馆和咖啡馆品饮。

有好奇心的消费者可能想了解世界各地的茶文化，比如古老的茶道，或是上网与种茶人、卖茶人、茶艺师以及写茶的博主交流，分享并积累一切有关茶的信息。

街上访茶

对茶的热爱并非一时的风尚，这一点可以从优质茶叶的品种越来越多、越来越容易买到看出来。走进任何一家超市，你都会发现有各种散装茶以及方便的茶包可供选择。茶包的设计十分巧妙，用丝绸包成金字塔的形状，里面放着各种名茶，比如茉莉龙珠、中国绿茶、白毫银针。人们在大街上用不着走多远就可以找到一家茶店，其中藏有来自世界各地的茶叶。咖啡馆最初只供应咖啡和普通红茶，不过现在货架上却辟出了专门的地方放置散装茶以及最新的茶具，还由懂茶的人为客人上茶。餐馆的菜单中出现了茶单，有些茶坊开始供应茶香鸡尾酒和茶食。独特且具有异国风味的茶已进入到我们的日常生活中，从中我们可以看出这股饮茶风潮将继续盛行。

随着近些年与上等茶叶的不断接触，新一代的爱茶人应运而生：他们前往茶叶的原产国，研究饮茶习俗，拜访种茶人，并将罕见的普洱茶和鲜为人知的绿茶带回国，与爱茶的朋友们分享。

茶香鸡尾酒
右图不只是一杯调制的鸡尾酒，杯中的茶叶可以让鸡尾酒具有多重口味。

日本绿茶
日本绿茶，比如上图以甜鲜味著称的煎茶。

冰茶在北美的饮用历史已长达一个多世纪。

饮茶食茶新法

人类饮茶的历史至少可以追溯到数百年前，但随着现今社会饮茶风尚的再度流行，我们看到茶的世界呈现出一片欣欣向荣的景象。全球各地最好的茶叶、传统以及茶道均已融入我们的日常生活中。

百变抹茶

抹茶在注重健康的饮茶者中十分流行。这种由绿茶碾磨成的粉末含有咖啡碱和抗氧化剂，早晨喝一小杯可以醒脑提神。除此之外，抹茶还可以加到醇厚细滑的拿铁中，或是掺到果汁中，然后放入冰柜冷藏后饮用，抑或添到酥饼或马卡龙等烘焙食品中。

用茶调酒

调酒师已经发现，茶的味道丰富清新，可以作为鸡尾酒的原料，让烈酒带着茶香。很多高级酒吧都开始供应“蒂提尼酒”（Teatinis），即茶香马提尼酒（Martinis）， 当然在家里调制这种酒也很容易。

拼配茶

正如调酒师尝试在鸡尾酒中加入茶一样，配茶师也开始研发新的拼配茶（见62~63页）。他们从甜品单中寻找灵感，用果汁、巧克力和香料等在茶汤中重现各种口味。

茶的发酵

康普茶由茶叶发酵而成，富含益生菌。各种口味的瓶装康普茶饮品已出现在世界各地的商店中，酒吧也使用康普茶作为鸡尾酒的一种原料。虽然可以买到现成的瓶装康普茶，但在家里尝试制作也别具一番趣味（见174页）。

特色茶的风靡

杯中喝出的健康

茶因为健康功效一直为人们所饮用，但是大量新研究所发现的健康功效远非早期饮茶人所能想象的。头顶健康光环的绿茶深受人们的喜爱，为了满足全球的需求，现在很多之前并不产绿茶的地方都开始种植这种茶叶，比如印度和斯里兰卡。

茶饮料

现成的瓶装茶饮料是很好的购买选择，在很多商店、咖啡店以及街上的售货机都可以买到。原汁原味的茶饮料，或是加入果汁、椰子冻或其他原料的茶饮料，受欢迎的程度可谓今非昔比。

珍珠奶茶

自20世纪80年代台湾出现珍珠奶茶（见192页）后，这种颜色缤纷、美味可口的饮品以不可阻挡之势风靡全球。从加粗的吸管到耐嚼的木薯珍珠，珍珠奶茶可以带给你一番有趣的品尝经历。

冷泡茶

冷泡茶（见58~59页），即以冷水来冲泡茶叶，比开水泡茶的味道更为自然，咖啡碱也更少，所以日渐流行。目前可以买到的冷泡茶器具各种各样。使用简单的冷泡壶和更为精致的茶具，我们可以自制并享用这种颠覆传统的泡茶饮茶过程。

改变世界的植物

全球各地种植并饮用的茶叶种类数不胜数。虽然这些茶叶的外观和味道千差百异，但均来自于常绿植物“茶树”（拉丁学名：Camellia sinensis）。

茶树

茶树主要分为两种，第一种为小叶种茶，所产茶叶的味道从鲜爽到甘醇等不一而足。这种小叶植物适合凉爽多雾的气候，比如中国以及日本的高山地区。这种茶树如果任其生长，可以长到6米高。第二种为大叶种茶，这种茶树盛产于印度、斯里兰卡和肯尼亚等热带地区，叶子可以长到20厘米。如果是野生茶树，可以长到15米高。大叶茶的味道也是多种多样，包括甘洌、酽醇等。

栽培品种：植物的特点

茶树的一个特点是能够自然地适应周围的环境，这种植物可以做到完全适应生长的地区。有些茶树具有显著的特征，种茶人在此基础上可以培育出新的品种，即“栽培品种”。他们会选择那些具有某种特质的茶树进行栽培，比如口感独特、耐旱或抗虫的茶树。

因为人类的干预以及自然界的发展，目前已有500多种杂交茶树。其中有些茶树可以培育出特殊的品种，比如大白毫，以及日本最流行的栽培品种“薮北茶”。

茶树栽培

上图为马来西亚金马伦高原上一个典型的梯式茶园。右图为小叶种茶，因为生长缓慢，所以味道也有微妙的差别。

茶树结构图

茶树是一种高产植物，一年最多可采摘五次。茶树的各个部分，从春天的嫩芽到成熟的茶树叶，再到鲜嫩的茶树枝，都有各自的用途。

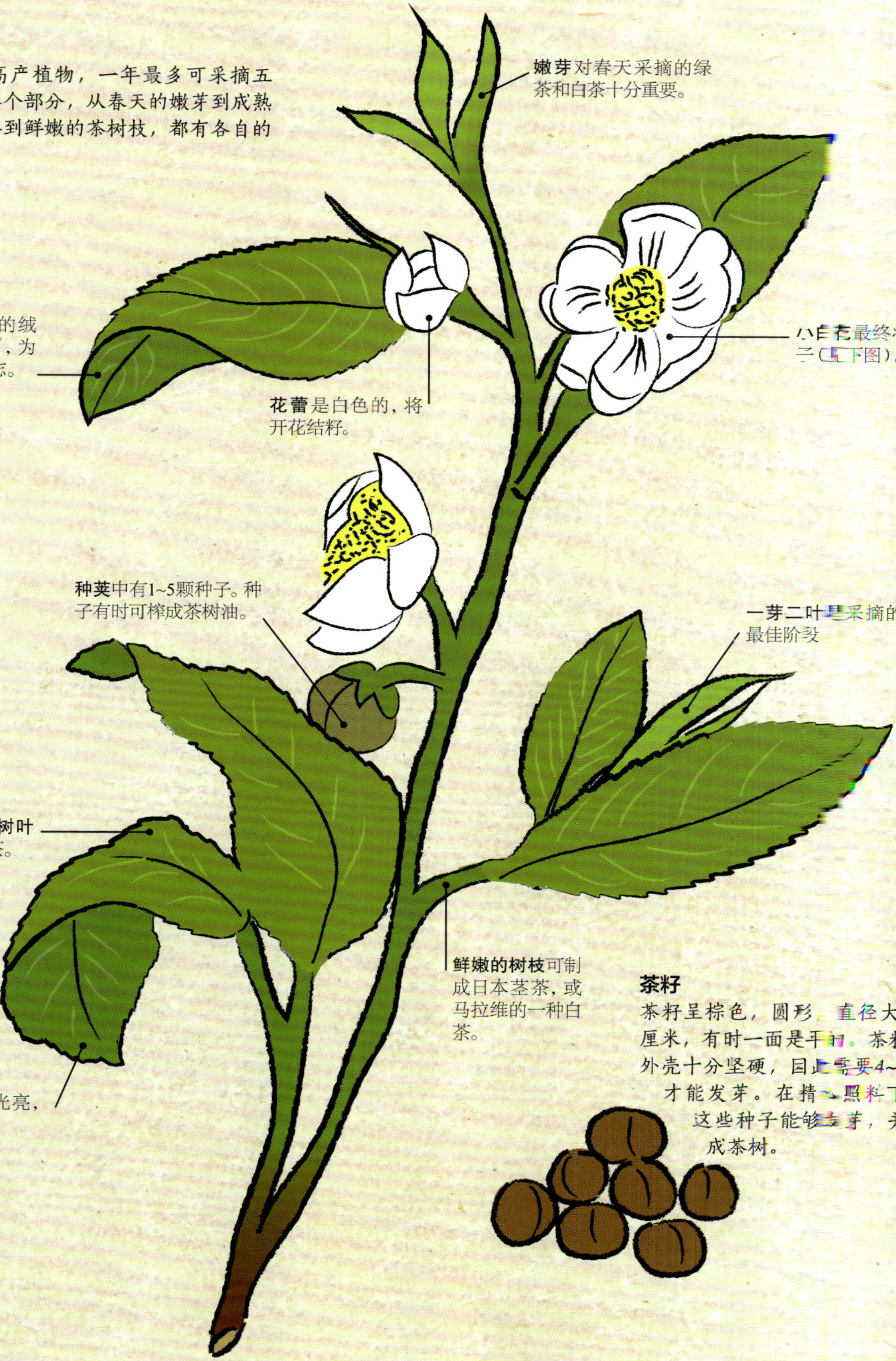
嫩芽对春天采摘的绿茶和白茶十分重要。
叶片下方覆盖的绒毛称为“毫毛”，为上等茶叶的标志。
小白花最终将形成种子（见下图）。
花蕾是白色的，将开花结籽。
种荚中有1~5颗种子。种子有时可榨成茶树油。
一芽二叶是采摘的最佳阶段。
较为成熟的茶树叶用于制作乌龙茶。
鲜嫩的树枝可制成日本茎茶，或马拉维的一种白茶。
茶树叶色泽光亮，为锯齿形边。

茶籽

茶籽呈棕色，圆形，直径大约1厘米，有时一面是平的。茶籽的外壳十分坚硬，因此需要4~6周才能发芽。在精心照料下，这些种子能够发芽，并长成茶树。

生长与采摘

成熟茶株的适应能力很强，能够忍受各种各样的天气情况，但从种子萌芽到成熟期过程却较为缓慢。因此，种茶人在等待种子发芽、成熟期间必须小心照看幼株。

种子繁殖或无性繁殖

种植茶树的目的是采摘叶子而非花或果实（种子），终极目的就是让茶树在整个生长期尽可能地生长，以保证丰收。对于如何成功地种植新的茶树，可谓“仁者见仁，智者见智”。茶农一般会用茶籽培育茶树，因为他们认为如果让种子冲破外壳，钻出土壤，这样长成的茶树会更加强壮。不过，种植茶树更常见的形式是扦插。扦插的茶苗最终会长成茶树，这种方式称为无性繁殖，成熟所需时间略微短于种子繁殖，并且其特征与母株一模一样，所以说这种方式对很多种茶人来说都更为保险。

种子繁殖

茶花结籽的时间大约一年多。茶树夏天长出花蕾，初秋开放。当天气变冷时（10月~次年1月），种子脱落，之后会立刻被收集起来。在中国，收集茶籽的时间是深秋或初冬。

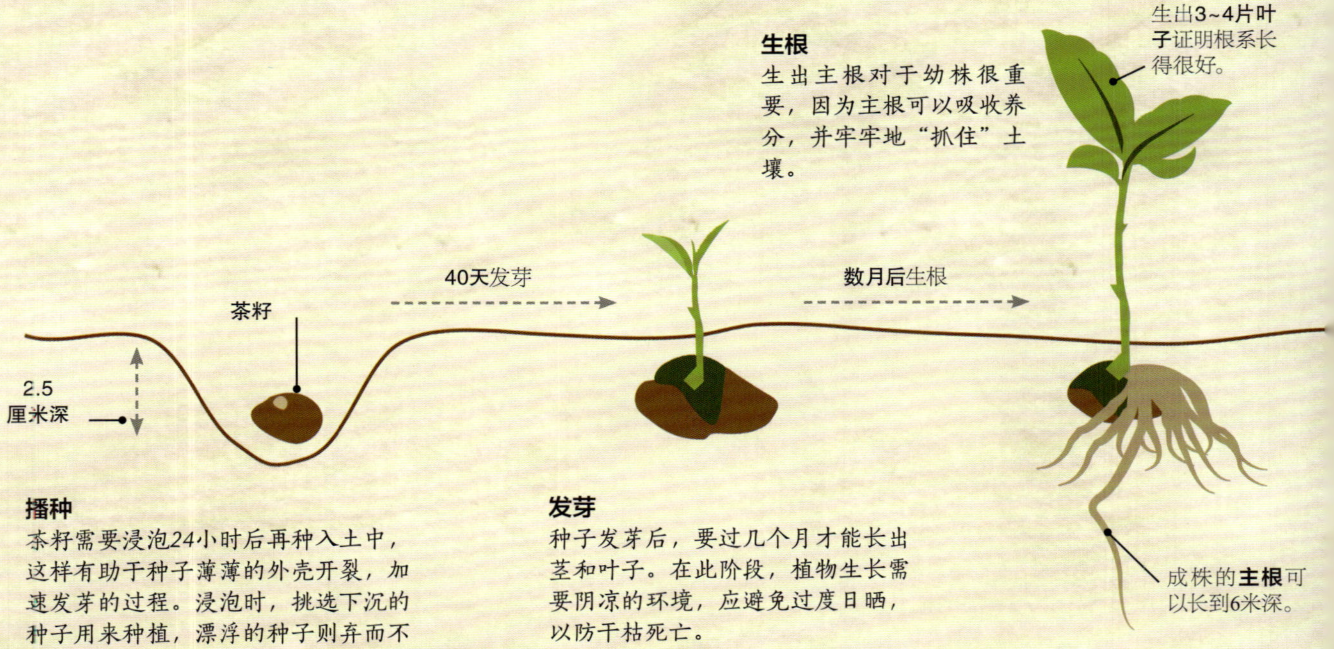

生根
生出主根对于幼株很重要，因为主根可以吸收养分，并牢牢地“抓住”土壤。

播种
茶籽需要浸泡24小时后再种入土中，这样有助于种子薄薄的外壳开裂，加速发芽的过程。浸泡时，挑选下沉的种子用来种植，漂浮的种子则弃而不用。

发芽
种子发芽后，要过几个月才能长出茎和叶子。在此阶段，植物生长需要阴凉的环境，应避免过度日晒，以防干枯死亡。

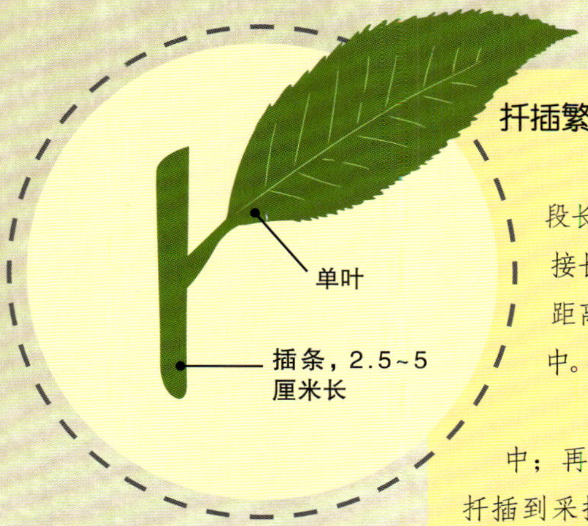

扦插繁殖

在茶树的休眠期或干旱季节，从初生茎中剪取一段长2.5~5厘米的单叶插穗。初生茎是从母株主茎上直接长出的枝条。剪切时使用锋利的刀具，剪口斜向，上端距离叶片5毫米，下端距离叶片2.5厘米，然后种在花盆中。插条应该避免阳光直射，叶子每天需要洒水。

12~15个月后，插条生根，可以移植到种植园中；再过12~15个月，可以进行第一次采摘。总之，从扦插到采摘的时间为2~3年。通过扦插繁殖的茶树寿命为30~40年，而通过种子种植的茶树可以存活数百年。中国云南省有些野生茶树的树龄达2000多年。

修剪

成株一般保持在1~1.2米高，目的是保证一株茶树有大约30根枝干，这样茶树的形状比较美观，高度也适于采摘。茶树种植两年后要进行第一次修剪，一般选在休眠期进行。此后，每年修剪一次，每3~4年深修剪一次，剪掉所有的叶子和二级次生主枝，促进新梢的萌发。

采摘的嫩芽和幼叶

手工采摘的茶叶应该符合行业标准：一芽二叶和一芽三叶都适合制茶。上图的芽叶即适于采摘。

自然环境

像酒一样，不同种类的茶也有各自的特性，即使是同一种茶，产自不同地区也会有不同的味道，这是因为茶树生长的自然环境或者说生态环境不同。

茶树生长的特定环境对茶叶的质量有很大影响。海拔、土壤、气候条件等自然因素会影响茶叶的味道和特性，以及茶叶中的维生素、矿物质和其他化合物的含量。虽然种茶人希望当地的环境每年可以较长时间保持恒定，以影响和控制采摘，但自然界的一切都无法预先确定。极端的天气、较少的降水量、贫瘠的土壤都会影响茶树的生长，从而影响制茶的时期。

坡地种茶
种在坡地上的茶树会得益于坡地良好的排水情况。如果茶树长期处于湿土中，将会腐烂。
纬度与海拔
茶树最适合在北纬40°到南纬30°的亚热带地区种植，因为这里既不冷也不干。有些产茶大国，比如肯尼亚，正好位于赤道地区，但因为茶树种植在气温凉爽的高原地区，所以茶树生长茂盛。
2450米
高度
茶树可以在海拔125米到2450米的地方生长。最合适的高度是大约2000米，因为这里比海拔低的地方更加凉爽，阳光没有那么强烈。
根系
在坡地上，根系可以很好地支撑茶树，同时从土壤吸收水和养分。
土壤
疏松的酸性（pH值为4.4~5.5）土壤外加一层有机肥料最适合茶树生长。重黏土会抑制主根的发育。
海平面

气候

降雨量、风速、风向、温度变化都是茶叶丰收的决定性因素。

日照

每天日照5个小时或以上，有助于茶树的茁壮成长。

雨水

茶树每年最少需要1500毫米的降水量。雨水太多不利于茶树的生长，因为茶树每年需要3~4个月的干燥期，以便生长周期到来之前养精蓄锐。

云量

云层有助于调节阳光照射。

坡向

如果在坡地上种茶，坡向决定了茶树的日照长短。

雾

雾气笼罩有利于茶树生长，因为雾气不仅可以保持湿度，还可以防止阳光曝晒。

茶树

茶园通常会种植落叶树，为茶树提供树荫。

茶园

上图为印度大吉岭可颂的一处茶园，高大的落叶树种植在茶树中间，为茶树提供了阴凉。

树荫

落叶树形成的树荫有助于调节茶树的温度。

制茶过程

从采摘的鲜叶到杯中的茶叶，这一过程始于茶园。茶农在茶园中精心照料茶树，为大规模加工茶叶做好准备。

茶园景观
有些茶园的茶树形成波浪状的景观，而有些茶园的茶树则按直线排列。

茶园的种类

成片种植茶树的地方，我们称之为“茶园”。茶园的大小不一，有的像菜园一般，不足150亩，有的则如种植园一样，绵延上万亩，需要大量人手。虽然不论面积大小，茶园的目的都是一样的，但制茶的强度和规模却不同。所有的茶园都会根据目标市场的口味需求制茶，这就影响了茶叶种植与加工的方式。大的茶园可以通过拍卖和代理商成吨成吨地销售茶叶，这些茶叶会用集装箱船运往目的地，而小一点的茶园往往将茶叶直接卖给进口商、批发商和零售商。

工业化茶园

这种茶园种植茶树主要出于商业目的，力求做到快速、省钱地生产茶叶。它们的茶叶与经过反复试验的栽培品种几乎没有差别。因此，为了确保收成，较大的工业化茶园会使用化肥和杀虫剂，并采用生产设备加快茶叶的加工过程。

主打“单一产地”的茶园

有些大茶园因自己继承的悠久传统而无比自豪。它们生产的优质茶叶从不混有其他茶园的茶叶，并以此闻名。这种茶叶称为“单一产地茶叶”，因独特的味道而受到青睐，其特色与所生长的自然环境密不可分。所以，这些茶园力图保持味道不变的方式与工业化茶园的做法完全不同。

茶人精心打理的茶园

还有一种茶园以茶人的精心打理为特色，这种茶园比单一茶园的面积要小，通常不到150亩，其成功原因主要在于茶园的主人。他们不仅精通茶树会对生长环境做出什么样的自然反应，还拥有采摘鲜叶的娴熟技艺。从培育茶树到茶艺茶道，茶人都亲力亲为。

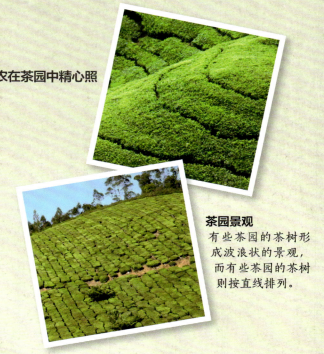

独一无二的茶叶
单一产地茶叶因其标志性的特色而受人追捧。

制茶方法

泡茶时你会发现，有些茶叶仿佛是一粒粒的土壤，而有些茶叶则像是刚刚采摘的新叶，这一区别主要取决于制茶工艺。工厂主要有两种制茶方法：一种是CTC制法，其中C代表crush（挤压），T代表tear（切碎），C代表curl（卷曲）；另一种是传统制法。

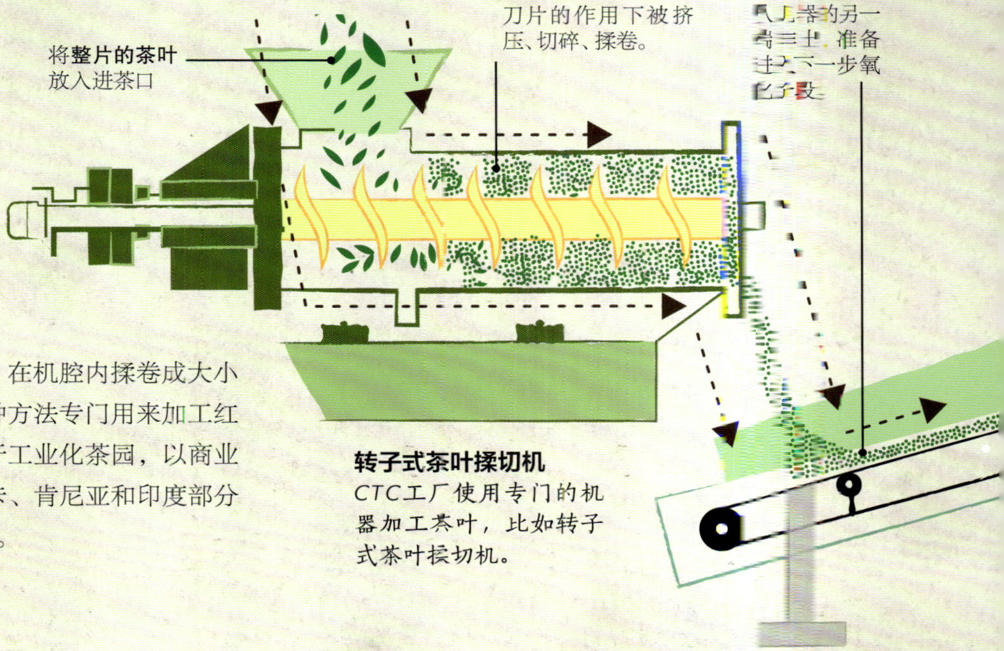
将整片的茶叶放入进茶口
茶叶在机器内部的大刀片的作用下被挤压、切碎、揉卷。
加工后的茶叶

转子式茶叶揉切机
CTC工厂使用专门的机器加工茶叶，比如转子式茶叶揉切机。

CTC制法

CTC制法发明于20世纪30年代，是采用工业机械加工茶叶的一种方法。又大又厚的低等茶叶被刀片切碎（以加速氧化）后，在机腔内揉卷成大小一样的颗粒，然后开始氧化。这种方法专门用来加工红茶，制成的一般均为商品茶（产于工业化茶园，以商业用途为主）。CTC方法在斯里兰卡、肯尼亚和印度部分地区十分流行，但在中国并不常见。

传统制法

传统的加工方法一般全部或部分由手工完成，主要目的是尽可能保持叶片的完整。除了用CTC方法制成的红碎茶以外，这是制作其他所有茶叶的标准方法。茶叶的完整度是评价质量的指标，整片的茶叶质量上乘，不完整的茶叶则分为不同等级，价格也因此不同。印度、斯里兰卡和肯尼亚采用英国的茶叶分级标准（见90页）。因为对此种茶叶的需求不断增加，越来越多的制茶人采用传统的方法。质量与数量成反比，价格也一样。虽然产量可能较低，但是更高的价格可以弥补这一差价。

未经破坏的茶树叶
传统制法的目的是想保证整片的茶树叶不被破坏。干燥的茶叶比较脆弱，在加工的最后几步可能会被破坏。

粒状茶叶
CTC方法加工而成的茶叶一般都用来制作茶包。因为茶叶已经碎化，如尘土一般，所以碎茶的香气很快会释放出来。

从茶园到茶壶

制茶并不仅仅是采摘茶叶然后将其晒干，整个过程包含一系列步骤，每一步都同等重要。茶叶正是经历了整个过程才从采摘阶段摇身变为成品茶。

每个国家和地区都有生产茶叶的独特方法，手工茶更是千差万别，村子与村子之间、制茶人与制茶人之间都各具特色。不过，有一些全球公认的制茶工序已经存在了几百年。在中国、印度、日本、韩国的制茶高峰期，制茶人昼夜不停地工作。采摘的时间一般很短，茶叶一旦采摘，就会逐渐衰败。

制茶工序

并非所有的茶叶都要经过同样的制茶步骤。有的工序较为繁杂，比如红茶和乌龙茶，有的则较为简单，比如黄茶。下图中，不同的颜色代表不同种类的茶叶，从左至右可以找到每种茶叶从采摘到制成的全过程。

采摘

茶叶可以在不同的生长期采摘：嫩芽刚刚冒出的早春（在印度大吉岭最为常见），然后是初夏，有些地区在秋天采茶。在肯尼亚等赤道地区，全年均可采茶。种在坡地上的茶树仍需手工采摘，这项艰苦的工作通常由妇女完成。

萎凋

采摘的鲜叶含有75%的水分，必须去除水分使鲜叶变软，才能进一步加工。鲜叶可以摊开晾晒（比如白茶、普洱），也可以放在托盘上，置于通风良好的室内环境中，温度保持在20~24℃。萎凋的时间平均为20小时，但会因茶叶种类的不同而有区别。

揉捻

此时，鲜叶中的水分已经散去了一部分，剩余的茶汁更为浓缩，现在可以将其揉捻成形。在此过程中，茶叶的细胞壁被压破，对于乌龙茶和红茶来说，这为下一步氧化做好了准备，而对于黄茶和绿茶来说，可以让香气聚集于表面。

杀青

这一工序仅适用于绿茶和黄茶，这两种茶不用特意经过萎凋工序，短暂的风干即可。杀青是指通过高温破坏鲜叶中的酶，抑制氧化。炒青是杀青的一种方式，可以保存鲜叶中的香气和精油。

图例

- 白茶
- 红茶和乌龙茶
- 普洱茶
- 绿茶
- 黄茶

初摘芽

采茶人初春时会采摘幼嫩的新芽，经历了一冬的蛰伏，此时养分集中在新梢中。

发酵

揉捻后，将普洱茶蒸软压饼，以便发酵。普洱茶分为两种：生茶和熟茶。生普洱会自然发酵，经过多年的时间慢慢培养微生物，而熟普洱则要放在一定湿度的存储环境中，在几个月的时间内快速发酵。

发酵

在发酵过程中，茶叶中的酶转化为茶黄素（决定茶叶的味道）和茶红素（决定茶叶的颜色）。将茶叶摊在桌子上，置于潮湿的环境中几个小时，直到制茶师傅认为发酵过程已完成（如红茶），或是已经达到了所需的发酵程度（如乌龙茶）。

烘焙/干燥

最初，茶叶一般放在焙笼或锅中，用木炭烘焙。现在，大多数茶叶都用转筒式干燥机进行烘干。有些茶叶，比如正山小种红茶和属于绿茶的龙井茶仍使用传统的烘焙方法，从而形成特有的口感。干燥后的茶叶只含有3%的水分。

分筛

茶叶加工完成后，会进行人工分筛或机器分筛。有些机器装有红外相机，可以检测茶叶的大小，并将其分为不同的等级，同时挑拣出杂质，比如茶梗。制作精良的传统茶叶整叶含量高，碎茶含量少，等级较高。

焖黄

杀青之后，黄茶的下一步工序为焖黄。将杀青后的茶叶堆积起来，并用湿布盖起来，静置较长的时间。茶坯在湿热的环境下逐渐黄变。

全球各地生产的茶叶种类繁多，但所有茶叶又源自同一植物物种。每种茶叶的制作工艺各不相同，味道和口感也独具特色。本书中，我们将茶叶分为六大类。从香甜味到巧克力坚果味，茶叶的味道多种多样。

绿茶

绿茶未经发酵，最接近于新采摘的鲜叶。茶树经过冬天的休眠后，初春时茶树的新梢从根部吸收了丰富的养分，并聚集了精油。绿茶以其清新的味道和短暂的存放期（6~8个月）而受人追捧。中国最为昂贵的绿茶是明前茶，即4月初清明节前采制的茶叶。绿茶的形状多种多样，如扁形茶、针形茶、曲螺形茶、圆形茶和卷形茶等。

白茶

白茶的主要产地是中国福建省，是所有茶叶中制作工序最少的茶叶，发酵度较低。不过，白茶的制作时间较长（2~3天），其中萎凋过程大约需要两天，此后再经过低温烘焙、拣剔和复火。白茶分为几种，有的白茶由鲜嫩的芽头制成，满身披毫；有的则采用大一点的鲜叶，发酵程度略高。因为芽头中富含儿茶素和多元酚等抗氧化物，有助于增强免疫力，所以白茶是最健康的一种茶叶。

白毫银针
中国福建省

白牡丹
中国福建省

寿眉
中国福建省

乌龙茶

乌龙茶的主要产地也是中国福建省，尤以武夷山和台湾高山著名。乌龙茶属于半发酵茶。一般用成熟的鲜叶经严格的工序制成。乌龙茶首先经过几个小时的萎凋，然后是摇青，以破坏茶叶的细胞壁，这有助于氧化阶段的香气释放。氧化过程一般持续几个小时，直到茶师认为茶叶已经达到了合适的发酵程度。之后是烘焙，以防止茶叶进一步发酵，接下来是揉捻和再次烘焙。轻发酵乌龙茶一般为深绿色，有光泽，呈小球形，而重发酵乌龙茶颜色更深，外形卷曲。

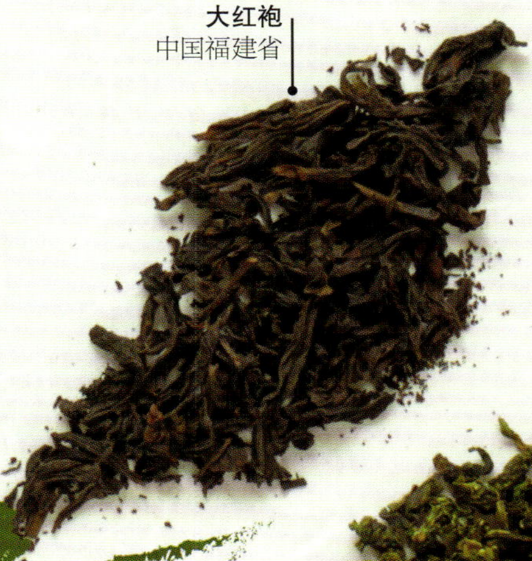
大红袍
中国福建省

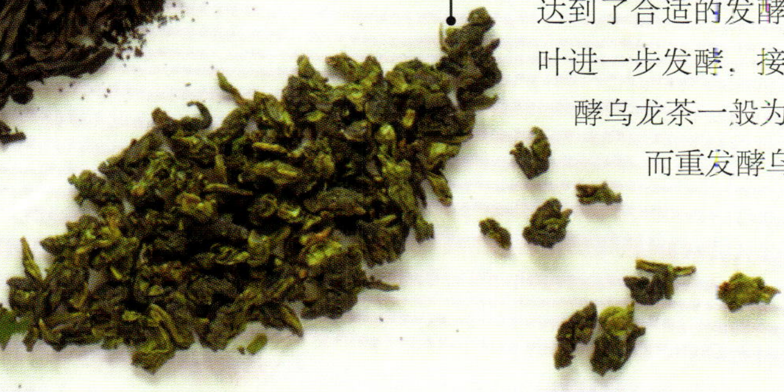
铁观音
中国福建省

红茶

红茶属于全发酵茶，产地包括肯尼亚和许多亚洲国家，比如斯里兰卡、中国和印度。从全球来看，红茶主要用于制作茶包，并常常与其他茶叶一起制成拼配茶，比如早茶和下午茶会加入牛奶或白糖。红茶在英语中称为“Black Tea”，而中国人因其茶汤为红色而称其为“红茶”。因为发酵过程产生的浓郁香气，红茶的茶汤浓、鲜，味道醇厚、甘甜。

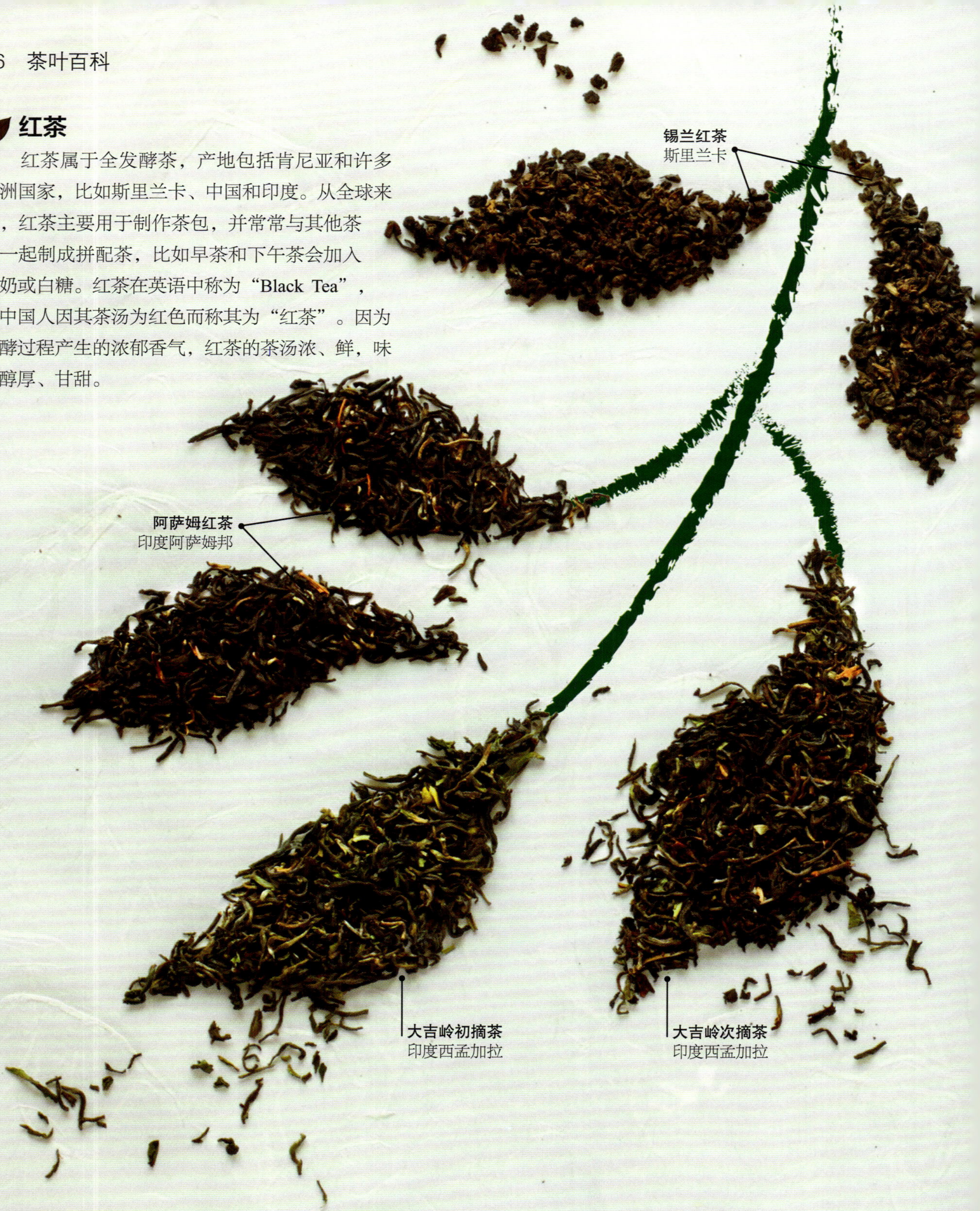

普洱茶

普洱茶是一种后发酵茶，因产地旧属中国云南省普洱而得名。普洱茶含有丰富的益生菌，可以促进消化，增强免疫系统，所以有人常常为了减肥而饮用普洱茶。普洱茶蒸软压饼后，可以存放多年然后出售，当然也有散茶出售。

普洱茶分为两种：经过长时间自然发酵的生普洱和经过快速发酵工艺的熟普洱。中国其他省份也生产类似的茶叶，称为“黑茶”。后发酵茶，尤其是普洱，深受茶人的追捧。人们会将普洱茶存放数十年，因为这种茶叶陈放时间越长，口感越醇厚。

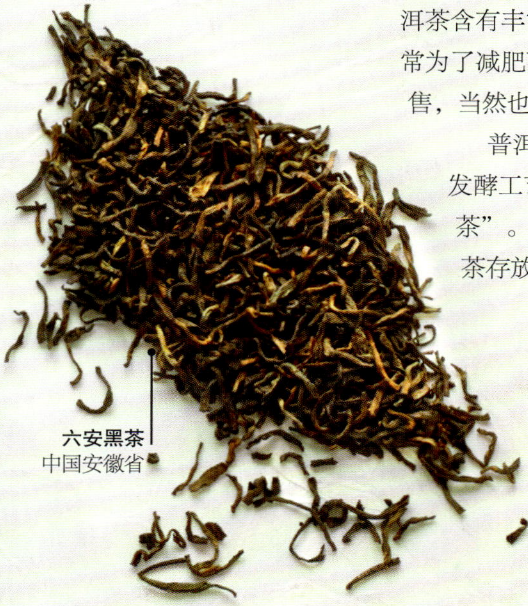

六安黑茶
中国安徽省

生普洱茶饼
中国云南省

黄茶

黄茶仅产于中国的几个省份，比如湖南和四川，因此产量较少，出口量也很少，在所有茶叶中较为罕见。与绿茶一样，最好的黄茶也由初春采摘的鲜叶制成。黄茶的特点是味道鲜醇甘爽，因色泽浅黄而得名。黄茶的颜色是在焖黄过程中产生的（见23页）。

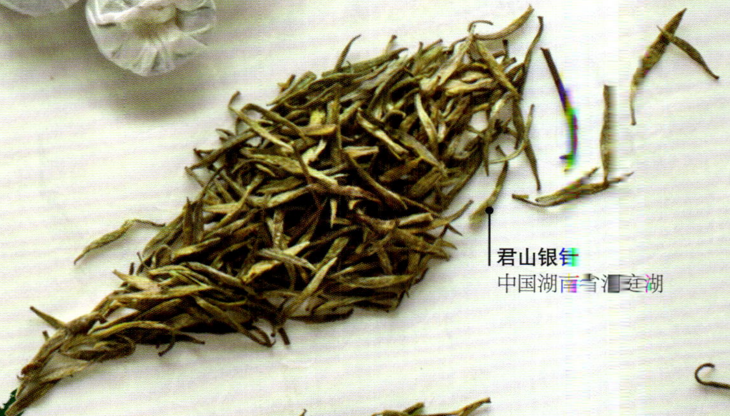

君山银针
中国湖南省洞庭湖

莫干黄芽
中国浙江省

蒙顶黄芽
中国四川省

抹茶

抹茶色泽鲜亮，富含抗氧化物，目前在全球各地愈发流行。这种绿茶的历史已有千年，因其浓郁的口味以及提神的效果而被奉为“茶叶中的浓咖啡”。

奇妙的饮品

抹茶起源于中国唐朝，当时时兴饮用抹茶，后来由来访东土的僧侣带回日本。

抹茶被用于日本茶道，最终成为日本茶文化不可分割的一部分。为制作抹茶准备的上等茶树种植在日本宇治市。

抹茶独特的亮绿色源自采摘茶叶前的人工遮光，一般持续几个星期，这会促进叶绿素的生成。之后，采摘叶芽，进行蒸青、干燥，最后将叶梗挑拣出去。这些茶叶被称为“碾茶”，将其放入抹茶石磨中，在两块花岗岩石板中磨成精细的粉末。每小时能够研磨30克抹茶。

抹茶的咖啡碱含量很高，因为摄入了整片茶叶，所以健康功效强于普通的绿茶。抹茶含有很多抗氧化物质，比如具有抗癌效果的儿茶素，具有镇静作用、能够提升记忆力和专注力的茶氨酸。

抹茶主要分为两个等级，即薄茶和浓茶，此外还有更低一级的抹茶，主要用于制作甜点。薄茶是最常见的等级，最适合日常饮用。浓茶主要用于正式的茶道中。用于甜点的抹茶属于最低等级，价钱也更加便宜，所以是制作马卡龙、蛋糕和冰激凌等食品的理想配料。

抹茶的保健功效
因为茶叶被全部摄入，所以抹茶的营养功效远远高于其他茶叶。抹茶有助于身体排毒，增强免疫系统和活力，并促进新陈代谢。

在中世纪的日本，武士战斗前会饮用抹茶。

抹茶拿铁

将抹茶加在细腻起泡的拿铁中，是一种北美流行的饮用方式，因为植物奶或牛奶可以让抹茶的味道更柔和丝滑。请参见157页抹茶拿铁的配方。

抹茶马卡龙

作为一种甜点，抹茶马卡龙仿佛集合了草本精华。

抹茶粉

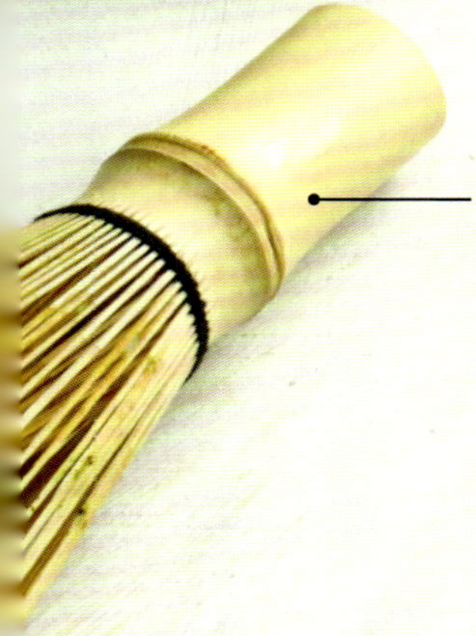

茶筅

如何泡抹茶

快速用力地用茶筅打茶，直到打出丰富细腻的泡沫。

需要准备

原料

1/2~1茶匙用茶筛筛过的薄茶

120~175毫升75℃的热水

1. 将抹茶粉放入润过的茶碗或粥碗中，加入少量热水，快速搅拌成糊状。
2. 将剩余的水加入茶碗中，按W或N的方向打茶，直到打出丰富细腻的泡沫。

抹茶蛋糕

做蛋糕或糖霜时，在干燥的原料中加入抹茶粉。只需加入2~3匙，就可以让蛋糕变为绿色。注意不要加太多，否则蛋糕的味道会变苦。

工艺花茶

将鲜花包在白茶中可做成工艺花茶。冲泡时，工艺花茶会舒展开来，露出内饰花卉。

工艺花茶源自中国福建，由心灵手巧的女子制作，一人一天大概能做400颗工艺花茶。工艺花茶主要用线将茶叶与花卉捆绑在一起，呈直径大约2厘米的紧致球状。

工业花茶选用与绿茶制作工序类似的白毫银针，因为这种茶的茶芽十分柔软，易于造型，且冲泡后外形美观。首先，将白毫银针捆扎为基座；然后，用线将桂花、茉莉花、菊花、百合或金盏花等干花绑在一起，再与茶座连为一体。内饰花卉的摆放次序决定了花朵展开后的造型风格。

有的造型象征着幸福、富贵或爱情，有的表达的则是某种意象，比如春暖花开。最后，将工艺花茶的顶端绑紧，外面罩上一层布进行高温定型。

选择工艺花茶时应该选择茶叶完整、花卉颜色鲜艳的茶球。

冲泡工艺花茶时最好使用玻璃茶壶，不过也可以使用平底的玻璃杯或有柄的玻璃罐。将工艺花茶放在茶壶中，将水加热至75~80℃，慢慢地倒在花茶上，倒满茶壶的2/3。1~2分钟后，茶球将会展开，露出其中鲜艳的花朵。

因为白茶也经过了和绿茶类似的制作工序，所以每个工艺花茶可以冲泡多次。喝完茶后，还可以将花放在一罐冷水中，观赏数天。

一位经验丰富的手艺人一天可以制作400多颗工艺花茶。

茶的保健功效

茶叶富含抗氧化物以及其他化学物质，比如多酚、茶氨酸和儿茶素，这些物质可以增强人体的免疫力。在所有茶叶中，绿茶和白茶的保健功能最强，因为这两种茶叶都由富含这些有益物质的嫩芽制成，并且加工的成分最小。

中国是最早饮用茶叶的国家。茶叶在古代最初作为药饮，用来调节体温、提神醒脑。17世纪，茶叶传入欧洲，作为滋补和助消化的药剂在药房出售。直到18世纪上半叶，茶才成为一种普通饮品。从那时起，茶因其保健功效逐渐成为一种日常饮品。

很多科学家已经研究过茶的养生功效，但还有很多未知的功效有待发掘。虽然所有茶叶都对健康有益，但很多研究着重探讨了绿茶提取物的功效。大多数研究建议，要想达到保健效果，每天至少要喝三杯茶。

茶与人体

从整体而言，喝茶有益于人的健康，但有一点显而易见，是茶叶中很多独特的化合物共同作用产生了益处，比如防病减压、强筋壮骨、增强免疫力。从口腔健康到消化健康，茶的健康功效已经与其清香馥郁的味道一样受到了人们的重视。

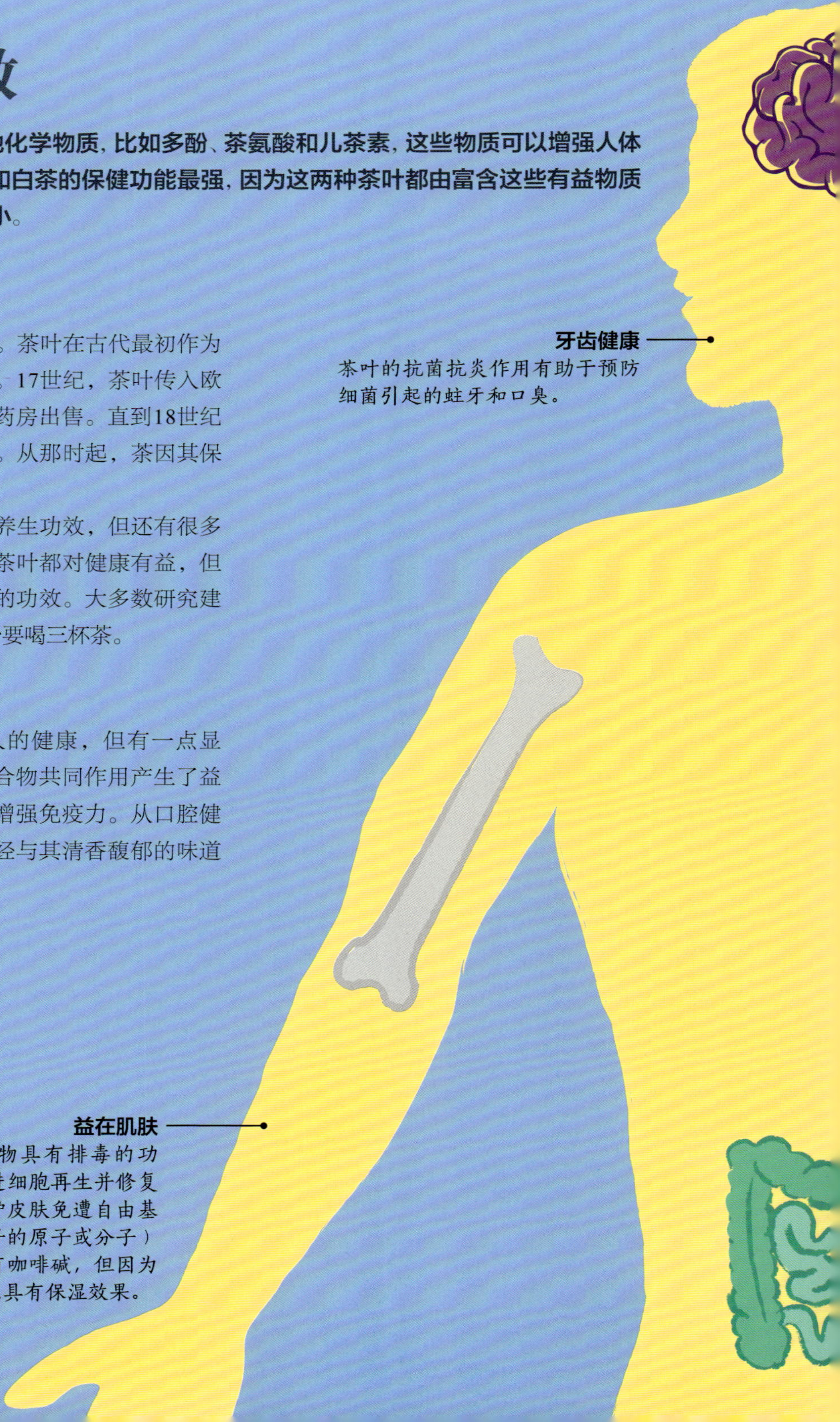

牙齿健康
茶叶的抗菌抗炎作用有助于预防细菌引起的蛀牙和口臭。
益在肌肤
茶叶中的抗氧化物具有排毒的功效，所以能够促进细胞再生并修复细胞，还可以保护皮肤免遭自由基（具有不成对电子的原子或分子）的攻击。虽然含有咖啡碱，但因为茶以水为主，所以具有保湿效果。

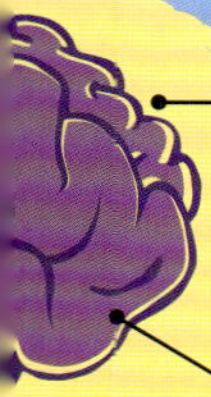

从脑开始

所有的茶叶都含有多酚，因为多酚能够保护大脑中专司学习和记忆的区域，所以能够降低人们罹患神经退行性疾病的风险。

减压良方

茶叶能够舒缓压力，尤其是绿茶，其中含有一种特殊的氨基酸，即茶氨酸，能够加强α脑电波，放松大脑。此外，咖啡碱和抗氧化成分能够促进大脑健康，提高认知能力。

咖啡碱

茶叶中含有咖啡碱，咖啡碱是一种能够刺激神经系统的苦味化合物。茶树由根部向树叶输送各种化合物，咖啡碱就是其中一种。在新芽生长时，咖啡碱具有保护和营养的功效，并且具有驱赶昆虫的作用。

干茶的咖啡碱含量与咖啡类似，不过茶叶中的多酚（鞣酸）能够调节并减缓咖啡碱的释放，所以茶叶的提神作用更为持久。茶叶中的咖啡碱含量取决于茶的种类、水温、冲泡时间以及茶叶采摘的时节。

绿茶和白茶比黑茶和乌龙茶的抗氧化成分高。

保护心脏

茶叶中的多酚是黄酮类抗氧化剂的丰富来源，具有排毒功效，并且能够降低自由基对人体的损害，达到防癌的效果。茶叶中的黄酮类化合物有助于防止心血管疾病的发生。饮用绿茶还可能大大降低高血压的风险。

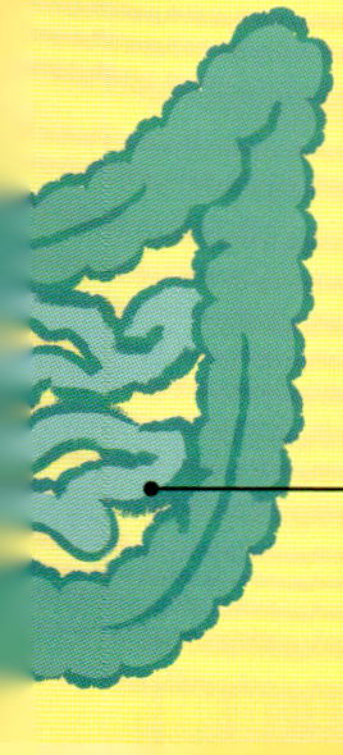

有助消化

茶叶，尤其是乌龙茶，长期以来一直被当作饭后饮品来帮助消化。普洱茶因为富含益生菌，能够极大地促进消化，并被奉为“烧脂刮油的工具”。绿茶能够促进新陈代新，并燃烧卡路里。

强筋健骨

因为茶多酚的存在，饮茶能够促进骨骼形成，增强肌肉强度，保存骨密度。

茶之冲泡

散装茶还是茶包?

自从茶包发明以来，散装茶与茶包孰优孰劣的争论一直没有停止。虽然茶包的便利性无可否认，但说到味道，散装茶显然具有很大的优势。

散装茶

与茶包相比，冲泡散装茶可能需要多花点儿工夫，但实际上也并不难，并且泡出的茶极具品质。

可以从茶的香气中分辨出它的味道。
茶叶若有充足的冲泡空间，可以释放出更多的香气和味道。
滤网用来盛装茶叶，便于清洗。

便利性

茶壶等特殊的泡茶工具可以让泡茶和清理茶渣快速而简单。

鲜度与质量

与茶包中的茶叶末或CTC制法的碎茶（见下一页）相比，散装茶外露的表面积要小，所以如果存储得当，鲜度能保持得更久。

味道

散装茶由整片或较大的叶子制成，其中仍含有芳香油，这会让冲泡的茶汤口感浓郁。

价值

大多数人误以为，散装茶更贵。其实，冲泡散装茶时只需少量的茶叶，乌龙茶等茶叶还可以冲泡多次，从而降低了一杯茶的价格。

环保

散装茶是可生物降解的，很快就能够在土壤中分解，所以可以做成堆肥。

冲泡

散装茶会将香气一点点释放到水中，也就是说，它的力道不会一下子用完，可以多次冲泡。

茶包

茶包的引入是一种偶然。1908年，纽约市一位名叫托马斯·沙利文的茶商用丝制小袋给顾客寄了一些茶叶样品。他本以为顾客会将茶叶取出冲泡，但他们却直接带袋泡了，并且十分喜欢，所以让沙利文再寄给他们一些同样包装的茶。

茶包有圆形和方形的（见上图），冲泡时茶叶的空间很小。金字塔形的茶包（见左图）可以让更多的水进入其中，所以冲泡效果更好。

金字塔形的茶包比方形或圆形茶包冲泡空间更大。

茶包中的茶末

红茶茶包中一般装的都是茶末或是不适合散卖的碎茶。

便利性

茶包非常便利，因为每次冲泡的量已经提前设计好了，并且无需滤网和茶壶等茶具。

鲜度与质量

茶包中一般装的是最低等的红茶茶末，这也是它们很快即可冲泡好的原因。不过，不论如何存放，因为茶末的表面曝露在外，所以香味很快会散掉。

味道

茶包中的茶在加工过程中已经失去了大部分精油和香气，因此与散装茶相比，茶包泡出的茶味道相对寡淡。另外，茶包会释放出更多的鞣酸，因此会有种苦涩感。

价值

一大盒茶包相对比较便宜，但其实每杯的价格与散装茶不相上下，尤其是考虑到散装茶可以冲泡多次，而茶包几乎一次就完成了使命。另外，茶包的保存期限更短。

环保

虽然有些茶包可完全降解，但绝大多数茶包的包装都含有少量的塑料成分（聚丙烯），多年都不会分解。所以买茶包时最好选择那些没有聚丙烯成分的包装。

冲泡

茶包很容易冲泡，甚至无需茶壶。冲泡时茶叶的自由移动是泡出好茶的一个重要因素，但茶包却限制了茶叶的活动。

如何存放茶叶

因为散装茶很容易受到光、空气和湿度的影响，所以应该正确存放。微观表面呈海绵状的干茶能够吸收任何接触到的味道，因此应该密封保存，并置于阴凉干燥处。

保存期限

虽然茶叶看起来很干，但里面仍含有3%的水分和部分挥发性精油。精油对茶的味道至关重要，如果茶叶存放不当，精油就会蒸发。绿茶的保存期限最短，一般为6~8个月，而乌龙茶可以存放1~2年。红茶的保存期限最常，超过2年，但如果加入了其他香料或水果，保存期限则会大大缩短。以下这些小贴士有助于延长茶叶的存放时间。

少量购买

如果一次买很多茶叶，很可能要在柜子中放很久。可以购买体验包的量，这是试喝一种新茶的最佳方式，因为这样做可以免去让不喜欢的东西占据空间和储藏罐的风险。

买当季茶

一定要购买新鲜的茶叶，如果买的是当季茶，存放时间更可能达到最长。

置于阴干处

将茶叶放在阴凉干燥的地方，比如低处的柜子就很理想，但不要放在冰箱里。另外，注意让茶叶远离香料和热源。

注意封口

如果茶叶装在袋子中，一定要确保每次使用后都封好口。

密封容器

如果将茶叶放在不透明的茶叶罐中，一定要确保容器的气密性，防止任何气味侵入茶叶中。茶叶罐可以是锡、陶瓷或不锈钢材质的。

精选容器

将喜欢的茶叶放在特殊的容器或茶叶罐中。如果使用古董存放茶叶，一定要查看内壁，确定是否由铅制成。

如果存放得当，红茶可以存放至少两年。

光照

不要将茶叶放在透明的容器中，因为光会加快茶叶变质，并会使其褪色。

疯狂购买

一定要控制自己的热情，不要每种新茶都买回来，否则橱柜里会装满你可能几年都不会试喝的茶叶。

放在烤炉上

烤炉的热量会使茶叶的味道变淡。

冰箱贮藏

茶叶在冷藏过程中会吸收潮气。

切忌无内胆的木制容器

装茶叶前，一定要给木制容器装上内胆，除非茶叶事先已装在了密封的塑料袋中。如果盖子密封不严，茶叶会受潮，不再新鲜，甚至会有霉味。

混放

不同种类或味道的茶叶不应该放在一个容器中，因为它们会彼此混味。

与调味料放一起

将茶叶与调味料放在一起，对茶叶来说将是一场灾难。茶叶表面有很多气孔，会吸入漂浮在橱柜中的其他气味。

购买陈茶

买茶之前，要看清日期，一定要在保质期内饮用。

像品茶师一样品茗

专业的品茶师通过品茶来鉴别茶叶的品质。通过不断训练嗅觉和味觉，我们也可以尝试鉴别并欣赏不同茶叶的丰富味道。

品茶师

品茶师和配茶师可谓各自领域的大师，他们每天要品尝几百杯茶。经过多年的积累，他们的嗅觉和味觉十分灵敏，能够准确辨别出茶叶的好坏。这个鉴别茶叶优劣的过程称为“品茶”。一杯茶的标准品茶过程如下：不论何种茶叶，一茶匙茶叶都用125毫升的沸水泡5分钟。虽然非专业人士会觉得这样泡出的茶很苦，但这有助于品茶师选择最合适的茶叶，为每个季节设计出新的配茶秘方。他们的目的是在采摘的茶叶存在差异时保证配方茶的一致性。

品茗用具

专业的品茗用具包括一个品茗杯和一个带盖和柄的小杯子，杯盖周围有一圈凹槽。将干茶放入带盖的杯子中，倒入沸水，盖上杯盖，泡5分钟；然后将杯子斜向品茗杯，让茶汤流入品茗杯，其间不用打开杯盖；最后将茶渣倒出放在倒置的杯盖上。

品茶的过程中五种感官都会涉及。

家中品茶

专业的品茶并不是为了享受。不过，你绝对可以在家尽情探索不同茶叶的口感和特色，并乐在其中。保持开放的态度，你会在品茶过程中结识新茶。

需要准备：

一人一茶匙茶叶，比如绿茶、乌龙茶和红茶，或者由来自不同采摘季节或不同茶园的同一种茶叶拼配而成的茶，比如大吉岭茶。

茶壶或带盖的茶杯，抑或用小茶托当杯盖。品茶中间可以吃些杏仁或南瓜子，以便恢复味觉。

1. 观察干茶，注意色泽、形状、大小和香味，然后润杯。一人饮，可将一茶匙茶叶放到茶壶或茶杯中，每茶匙茶叶加175毫升温度适宜的水，盖上盖子或茶托，让茶叶泡几分钟。每种茶叶的冲泡时间，请见42~47页。

2. 打开杯盖，将耳朵贴近茶叶，注意聆听茶叶在水中伸展的细微声音。

3. 当茶遇水时，香气开始飘散。要想预先知道茶的味道，茶一经泡好立刻打开杯盖，将杯子放在鼻前，挥发性的精油将开始蒸发。

4. 将茶汤过滤到品茗杯中，然后仔细查看叶底，并闻其味。

5. 注意茶汤的颜色。

品茶时不要喷香水，因为这会在你试图区分不同香味时干扰你的嗅觉。

泡出好茶

每种茶都有鲜明的特性，表现出各自特有的色、香、味。下面这些方法可以帮助你最大限度地体验茶的味道。不过，最重要的是过程中的趣味，所以不要拘泥于以下所列的方法，可以根据自己的口味随意调整。

绿茶

如果冲泡得当，绿茶的清新香气会让人想到宽阔的草地或新鲜的海滨空气。首先要选取新鲜的绿茶，同时要注意水温：过热的水会破坏给茶带来甘醇味道的氨基酸，过冷的水会抑制味道的散发。

冲泡时间对绿茶来说十分关键。如果冲泡时间过长，茶会变得苦涩，所以最开始泡的时间最好短一点，之后每次品尝延长30秒，直到味道适合为止。

冲泡方法

图中茶叶：碧螺春，产自中国江苏省洞庭山。

比例：1汤匙175毫升水

水温：中国绿茶75℃，日本绿茶65℃，最好使用泉水。

冲泡：第一泡的时间短一点，之后每泡延长30秒，一般可以冲泡三四次。

干茶

绿茶一般呈浅绿或深绿色，因种类不同而形状和大小各异，比如条索纤细，卷曲成螺（见右图），或是扁平挺直，形似嫩芽。

叶底

冲泡过程中，茶叶慢慢舒展，呈现出原本的叶片和嫩芽。

茶汤

汤色绿中带黄，味道甘爽，带有淡淡的果香。

白茶

作为茶中珍品，白茶含有多种健康的化合物，比如多酚。白茶采摘的时间很早，第一批新芽长出后便进入采摘期，所以白茶在中国的地位很高。对于喜欢浓郁红茶的人来说，品尝这种味道富有层次感的茶叶可能会是一个挑战。

白茶的种类不多，其中白毫银针属白茶中最高档的茶叶，又被进一步分为不同类别，价格反映了茶叶的质量。其中白牡丹的价格更实惠一些，由身披白色毫毛的芽和叶制成。

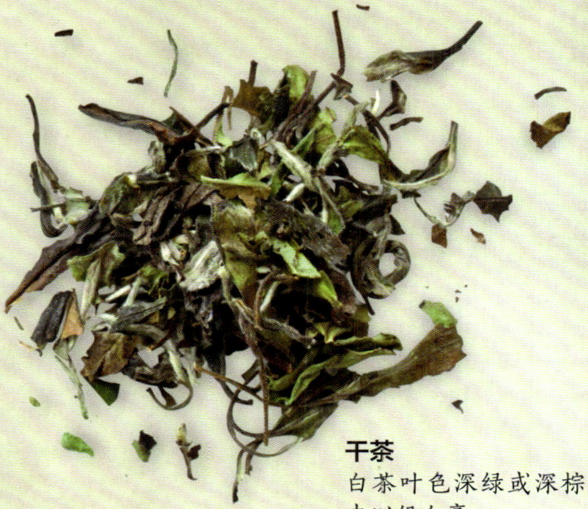

干茶
白茶叶色深绿或深棕，夹以银白毫心。

冲泡方法

图中茶叶：白牡丹，产自中国福建省福鼎市

比例：2汤匙175毫升水

水温：85℃，最好使用泉水。

冲泡：第一泡时间为2分钟，之后每泡延长30秒，一般可以冲泡两三次。

叶底
茶叶冲泡后呈现出柔软的嫩芽、较大的绿叶，以及叶梗。

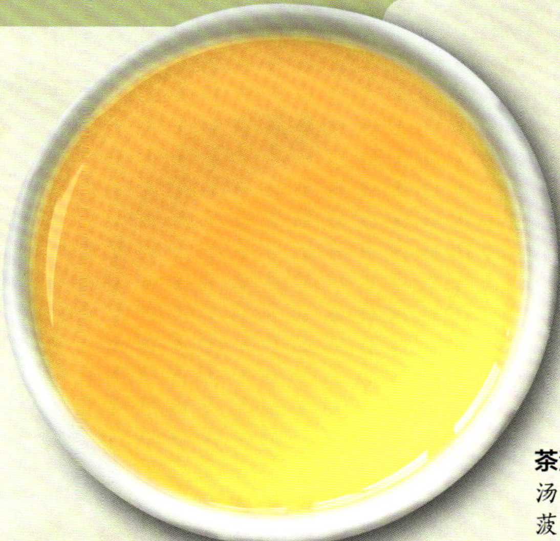

茶汤
汤色浅黄，味道鲜醇回甘，有菠萝、甜玉米和焦糖的味道。

乌龙茶

乌龙茶的种类繁多，每种乌龙茶的发酵程度、香气和味道都有差异。青心乌龙茶，比如台湾阿里山高山茶，发酵程度为35%，具有花香，而武夷岩茶发酵程度为80%，味道醇厚滑润。

乌龙茶是最难制作的茶叶之一，因为其品质取决于制茶人的手艺。虽然这种半发酵茶在加工工程中会被反复揉捏，但乌龙茶仍可冲泡多次，每次都带给人新的口感。

冲泡方法

图中茶叶：阿里山高山茶，产自中国台湾南投阿里山。

比例：2茶匙175毫升水。

水温：发酵程度较轻的乌龙茶用85℃的水冲泡，而发酵程度较高的乌龙茶用95℃的水冲泡。

冲泡：首先温杯，然后用热水润茶。第一道茶冲泡1~2分钟，之后每泡延长一分钟，一般最多可以冲泡十次。

干茶
这种轻度发酵茶色泽砂绿油润，呈半球形，有的保留叶梗。

叶底
随着冲泡次数的增多，茶叶渐渐舒展，呈现出又大又厚、色泽光亮的叶子，且镶有红边（红色表示氧化的部位）。

茶汤
汤色蜜黄明亮，味道香甜，有轻微的柑橘味和花香。每次冲泡的味道各有不同。

干茶
有些大吉岭茶呈浅绿色，可以是整片叶或碎叶。

茶汤
汤色金黄，有种苹果和香料的味道，香气会让人想到麝香葡萄。

叶底
冲泡后，大吉岭茶的茶叶呈棕色和绿色，还有些红茶冲泡后呈红褐色、胡桃色，甚或金黄色。

红茶

在西方国家，红茶可谓最有名的茶叶。西方人对红茶的熟知一般始于茶包或家喻户晓的拼配茶，比如英式早餐茶。这种饮用红茶的习惯可能让西方人认为所有红茶都是一样的，但实际上红茶有多种复杂的味道和特点。

红茶属于全发酵茶，其中的多酚已转化为茶红素（决定茶叶的颜色）和茶黄素（决定茶叶的味道）。浓烈的红茶品种，比如阿萨姆红茶，可以加入牛奶或白糖饮用，但在你决定加入其他配料之前，最好品尝一下茶叶的自然口味，比如初摘大吉岭茶。

从历史上讲，最好的红茶产自印度或斯里兰卡，不过，因为红茶在中国越来越受欢迎，所以这里的红茶产量也在不断增长。

冲泡方法

图中茶叶： 初摘大吉岭茶，产自印度大吉岭。

比例： 2茶匙175毫升水。

水温： 100℃。

冲泡： 浸泡2分钟。有些整叶红茶，比如大吉岭或中国红茶可以冲泡两次，对于这些红茶而言，冲泡时间可以增加1~2分钟。

普洱茶

普洱茶或称黑茶，是唯一含有益生菌的茶叶，可以存放很多年，陈放越久，价值越高。

普洱茶一般压制成饼状或砖状，但也有散茶，有时会装在竹子做的容器中。如果饮用的是紧压茶，撬取茶叶时尽量不要把茶弄碎，因为这会破坏茶叶，使其冲泡后变得苦涩。外包装上一般写着普洱茶的生产日期。普洱茶越陈越香，可以存放多年，每年都可以品尝到不同的味道。

冲泡方法

图中茶叶：普洱熟饼，产自2010年中国云南省永德县。

比例：1茶匙175毫升水。

水温：95℃。

冲泡：首先用热水润茶，使茶叶变软，然后浸泡两分钟，此后每泡延长1分钟，可以冲泡三四次。

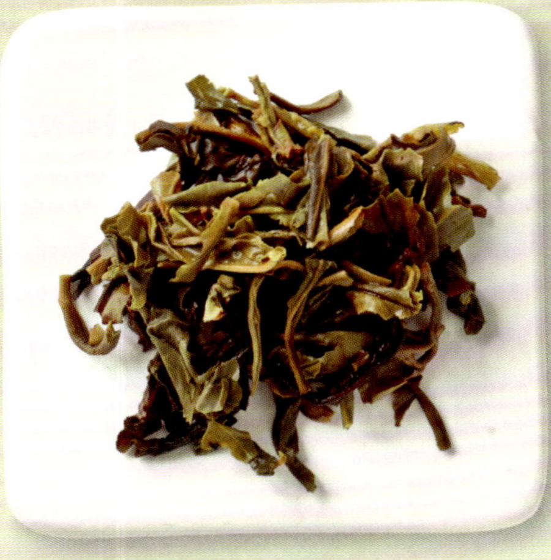

叶底
冲泡后，整片茶叶可能颜色不一，呈现绿、棕和黑等颜色。

茶汤
汤色深褐或深紫色，有种樱桃干的香味。

干茶
普洱饼茶由长长的褐色或绿色茶叶压制成型。

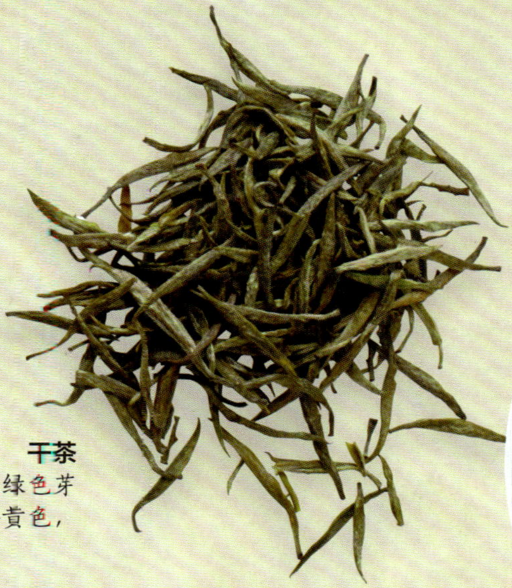

干茶
黄茶由纤细的浅绿色芽头制成，内呈金黄色，外裹一层白毫。

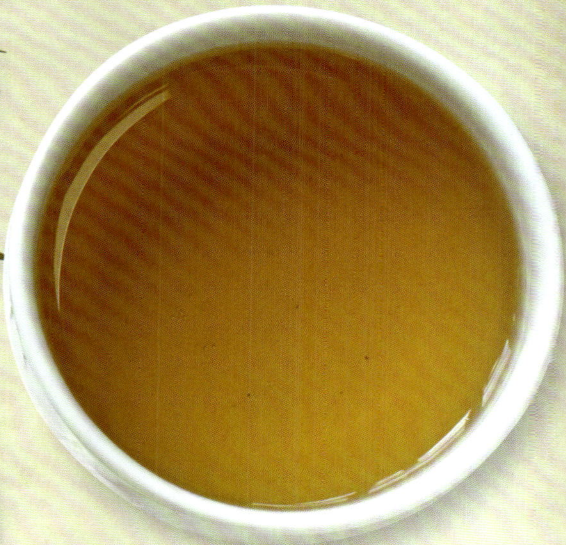

茶汤
汤色橙黄，入口有种植物的香味，回味甘甜。

叶底
冲泡后的茶叶像是微小的豌豆荚，上面有些黄色的纹理。

黄茶

黄茶由最嫩的芽头制成，虽然较为稀少，但绝对值得我们品味。黄茶仅产于中国，种类较少，比如四川省的蒙顶黄芽和湖南省的君山银针。黄茶富含氨基酸、多酚、多糖和维生素，也许有助于脾胃健康、消化和减肥。

冲泡方法

图中茶叶： 君山银针，产自中国湖南省。

比例： 1/2茶匙175毫升水。

水温： 85℃，最好使用泉水。

冲泡： 第一道茶浸泡1~2分钟，此后每泡延长1分钟，可以冲泡两三次。

有关味道的科学

为了感知茶的味道，大脑会调动舌头上的味蕾、鼻腔中的嗅觉感受器，以及饮茶时的口感和热感觉。

茶叶具有数百种不同的味道，但一般人只能笼统地将其分为几类。凝神静气，再加上些许经验，可以训练大脑品味出茶的不同味道。请参见50~51页的风味轮，看一看茶叶有哪些主要的味道。

感官

如果要识别味道，最好了解一下感官是如何配合的。右图有助于你了解口感和味道如何交互形成了微苦而清新的味道。同样，味觉和嗅觉从不分离，而是共同在嗅觉系统中起作用，让人们感受到不同的味道。

风味

风味是气味和味道的综合体现，也是我们吃东西或喝东西时的感受。味道与气味关系紧密，75%的味道都由气味决定。饮茶时，茶叶中挥发性的精油会蒸发，飘入鼻腔，所产生的风味只有在嗅觉和味觉的共同作用下才能感受到。

香气

在饮茶前，甚至就能闻到茶的香气。如果是一杯热茶，你可以在茶汤的表面闻到一丝丝的香气。如果把鼻子凑近茶汤，你的嗅觉系统会立即启动。吸入香气后，用鼻子呼气，鼻腔中会充满茶香，为口腔品尝味道做好准备。

温度

品茗时温度十分重要。茶比较热时，香气会快速蒸发，在茶逐渐变凉的过程中，有些味道会随之消失。研究显示，热饮与凉饮相比，前者能够识别出更丰富的味道，所以我们在品饮白茶等汤味鲜爽的茶时，在品味前不要让茶汤变得太凉。

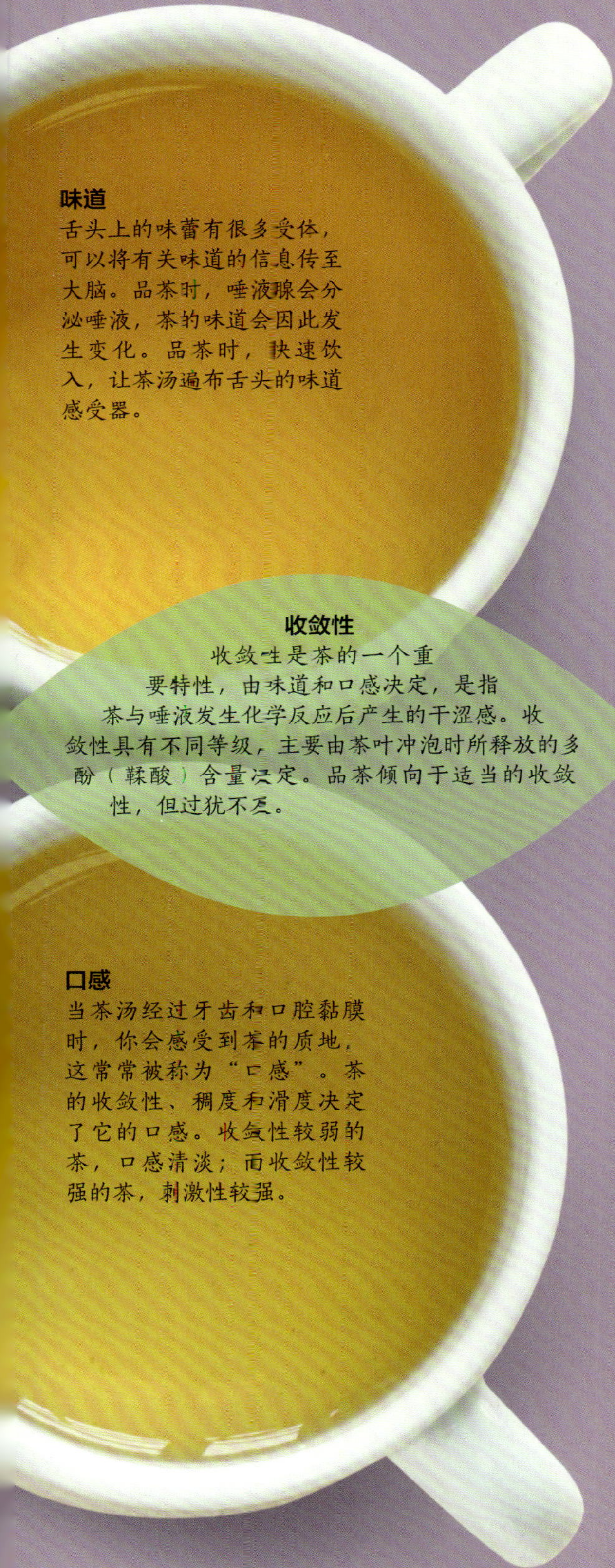

味道

舌头上的味蕾有很多受体，可以将有关味道的信息传至大脑。品茶时，唾液腺会分泌唾液，茶的味道会因此发生变化。品茶时，快速饮入，让茶汤遍布舌头的味道感受器。

收敛性

收敛性是茶的一个重要特性，由味道和口感决定，是指茶与唾液发生化学反应后产生的干涩感。收敛性具有不同等级，主要由茶叶冲泡时所释放的多酚（鞣酸）含量决定。品茶倾向于适当的收敛性，但过犹不及。

口感

当茶汤经过牙齿和口腔黏膜时，你会感受到茶的质地，这常常被称为“口感”。茶的收敛性、稠度和滑度决定了它的口感。收敛性较弱的茶，口感清淡；而收敛性较强的茶，刺激性较强。

舌头

舌头上有1万个味蕾，每个味蕾含有50~100个不同味道的受体细胞，能够感受到五种基本味道：酸、甜、苦、咸、鲜。虽然饮茶时无法感受到咸味，但却可以辨别出其他四种基本味道。

几十年来，人们普遍使用“味觉地图”表示，舌头的不同位置会对特定的味道做出反应。不过，近代研究显示，口腔中的所有味蕾都能够辨别这五种基本味道，所以这张广泛使用的“地图”从科学上被否定了。目前，我们对味道的了解还在不断加深。食品科学家在舌头、上颚和喉底发现了新的受体。有些科学家断言，这些受体也许还能够辨别出凉爽、辛辣和钙。

体验

记忆和文化体验会影响我们品茗时感受不同的滋味。此外，专注力也许也会提升我们的饮茶体验。选择一处美丽幽静的地方，以平静的心泡茶，会增强我们的愉悦感，最终提升鉴赏茶汤时的感觉。

只有味觉和嗅觉同时作用，才能全方位地感受茶的滋味。

品出茶的味道

喝茶时，可能很难区别不同的味道。“风味轮”可谓一个好帮手，它以圆盘的形式标出了茶的不同味道和香气，有助你了解并感受错综复杂的各种味道。

透过口鼻中的味觉和嗅觉感受器，品茶时仿佛醉身于味道的海洋。右边的风味轮将味道分为12大类，每一类又进行了细分，我们可以据此分析茶的不同味道和特性。

初闻香气后，查看风味轮，然后再啜饮茶汤。你的第一感觉应该可以在风味轮的内圈中找到。例如，绿茶碧螺春一入口，你会立刻感受到植物、甘甜和干果的味道。

再饮一口或再闻一下叶底，可以查找风味轮分类更细的部分。你可能会在植物类中找到玉米味，在干果类找到栗子味。实验和经历有助于辨别出任何茶叶的味道。

品尝次数越多，就越容易辨别不同的味道。

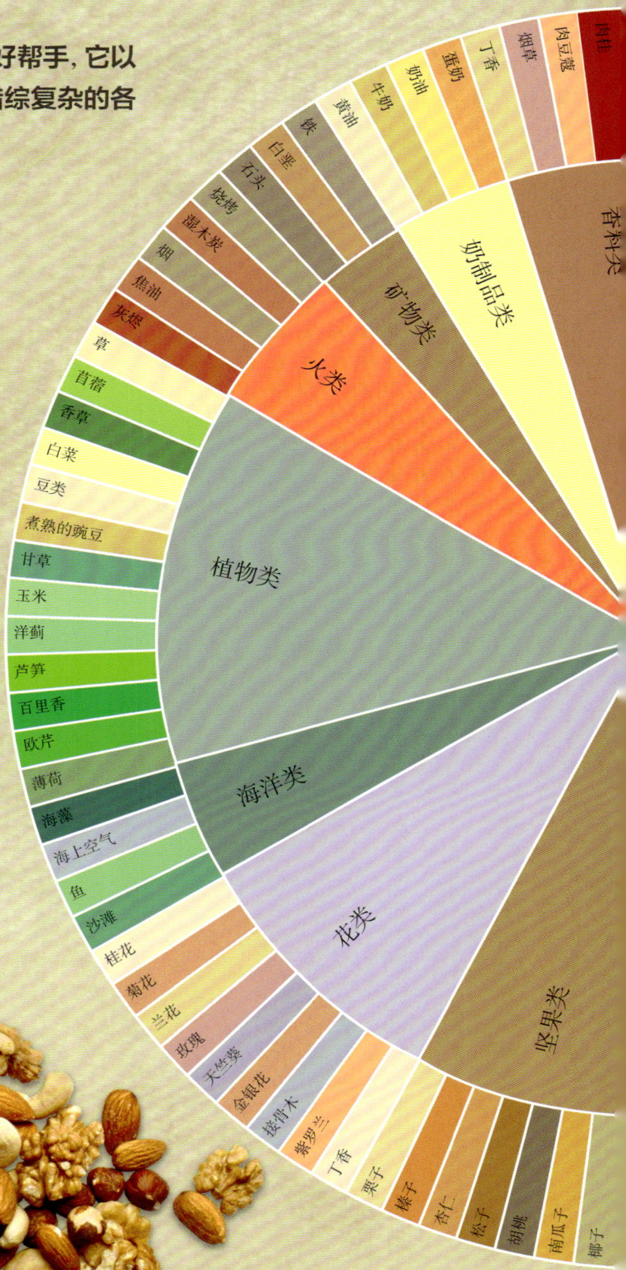

坚果
坚果可以用来描述各种茶叶的烘烤和甘甜味，它们可以很好地描述茶末的收敛性。

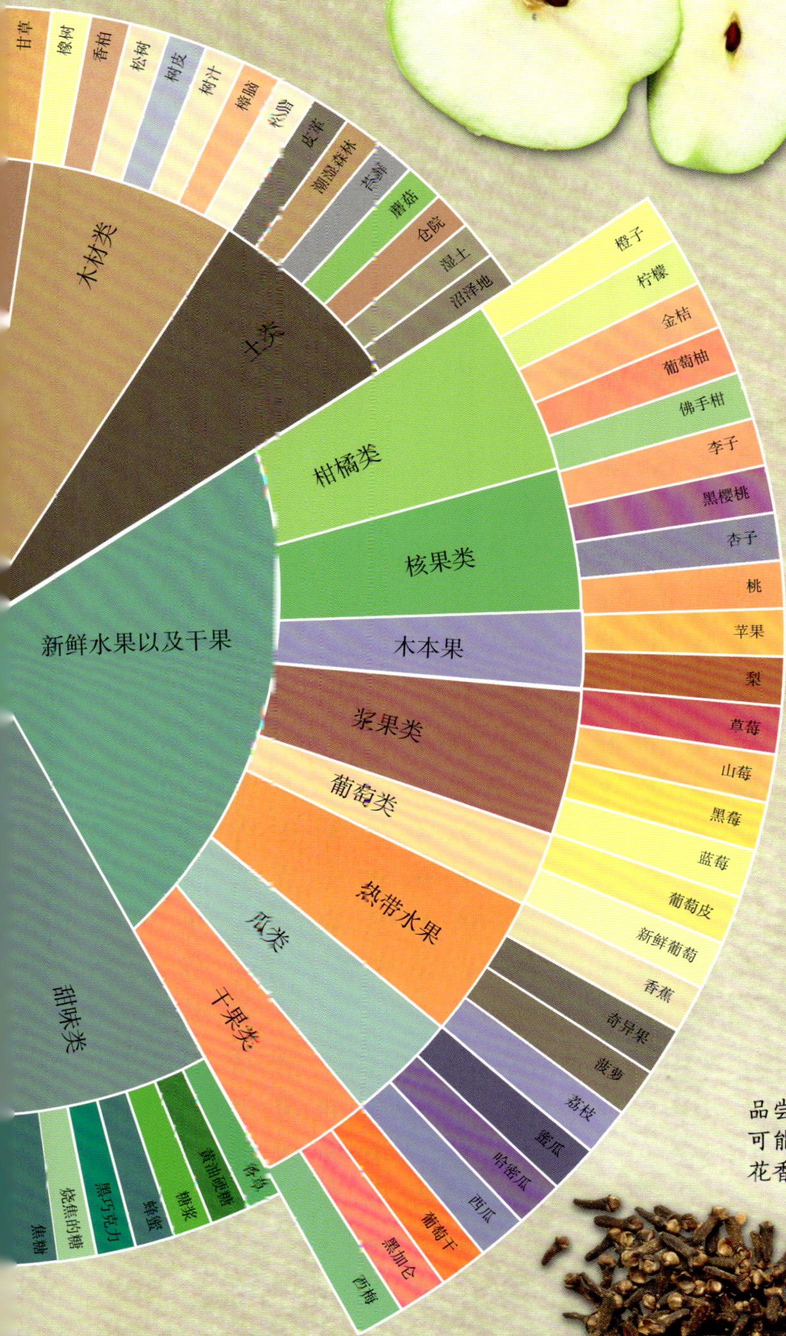

苹果
苹果香是大吉岭秋摘茶的特色味道，也是判断大吉岭茶发酵完成的标志。

蜂蜜
台湾的轻发酵乌龙茶有时会有淡淡的蜂蜜味。

巧克力
有些熟普洱茶有一种独特的黑巧克力或生巧克力的味道。

玫瑰
品尝碳焙乌龙茶时，可能会感受到玫瑰的花香。

丁香
大吉岭茶和某些熟普洱会有明显的丁香味。

水为茶之母

中国有句古语，水为茶之母。因为一杯茶99%由水组成，所以这句老话是很有道理的。泡茶所用的水的质量对茶的味道有很大的影响。为了泡出最好的茶，请使用干净无味的水，并加热至合适的温度。

不管是在郊区还是在城市，雨水、污染和当地的蓄水层（即地下多孔岩石层，地下水便从此处抽取）都会影响当地的水源。这些因素会影响水中的矿物质以及水的气味和pH值。我们用pH值来衡量液体的酸碱度，从0～14，7以下为酸性，以上为碱性。

一般来说，水的pH值为7，呈中性，但有时用自来水泡茶可能会过酸或过碱。自来水还含有溶解的气体，可能具有某种气味；也有可能矿化度很高，会盖过茶叶冲泡时清单的香味。

如果你没有净水器，可以试试下面几种方法：

瓶装泉水　一定要分清泉水和矿泉水。矿泉水因为含有过多的矿物质并不适合泡茶。寻找矿物质含量在50~100ppm的泉水，如果矿物质含量高于该数值，冲泡的茶水会有一种浓重的矿物质的味道。

过滤自来水　便携式滤水壶可以很好地过滤自来水中的气味和矿物质，不过要根据正确方法更换过滤网。

蒸馏水加自来水　蒸馏水没有味道，不过将其加入矿物质含量高的自来水，也适合泡茶。具体的比例是多少，取决于自来水的水质。

水温

水的沸点随海拔高度的上升而逐渐减小。如果你住的地方在海平面1300米以上，水开时温度达不到100℃。在这种情况下，可以每人多放半茶匙茶叶，冲泡的时间也可适当延长几分钟。

适合的温度

如果用过热的水泡茶，茶汤会发苦，并且失去香气；如果水温过凉，茶叶会冲泡得不够充分。

确定合适的水温

要想泡出一杯好茶，将水加热至合适的水温至关重要。如果用沸水冲泡绿茶，会烫熟鲜嫩的茶叶；如果是乌龙茶等半发酵茶，水温需要略高一些，但也绝不能用沸水冲泡。不过，全发酵红茶则需要沸水才能充分释放出香气和味道。不管合适的水温是多少，都要用新打的凉水开始加热。

如果你没有显示不同温度的水壶，可以将水烧开，然后敞开壶盖等待水温变凉。对于绿茶、白茶和黄茶，可以等5分钟，乌龙茶等3分钟，普洱和其他黑茶等2分钟。

最适宜泡茶的水应该是中性的，pH值为7，矿物质含量较低，没有氯气或其他气体的味道。

好茶配好器

茶店总是陈列着琳琅满目的茶具，这些茶具可以带给你绝佳的品茶体验。假设我们要冲泡的是乌龙茶，茶叶需要足够的空间伸展，下面是几种最佳选择。

配滤茶器的陶瓷茶壶

经典的茶壶容量大小各不相同。一个3杯容量的茶壶（750毫升）可以供二人饮，如果茶叶可以冲第二泡第三泡，则会有一定的盈余。将热水从离茶壶25厘米的高度注入，可以给茶叶一定的冲击力，加速香气的释放。为了避免苦涩感，茶好泡后一定要立刻将过滤网拿开。

壶嘴带有滤网的玻璃茶壶

玻璃茶壶不仅具有一般茶壶的所有便利性，而且还能够让饮茶者观看茶叶如何在水中漫舞，如何绽放本来的色彩。倒茶时，壶嘴处的不锈钢滤网可以阻挡茶叶流出。

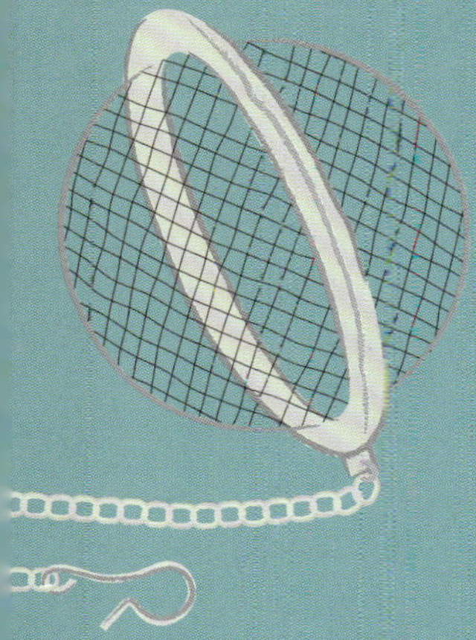

泡茶球

这种泡茶工具形状多种多样，最经典的就是球形，大多可以挂在杯子或茶壶的一侧。不管什么形状，功能都是一样的。不过，有些泡茶球会限制茶叶的伸展，所以一定要保证茶球中有足够的空间，不要将其装满干茶。

配滤茶器的茶杯

用茶杯泡茶更容易清洗，所以不失为泡茶的一种理想选择。这种茶具具备完善的泡茶功能，可以给茶叶提供充足的空间以便释放香味。茶杯最好带盖，因为杯盖可以防止茶叶释放的香气外溢。

已预设温度的水壶

这种好用的水壶已经为每种茶设定好了温度，只需选择茶叶种类，按下按钮即可。还有一些水壶可以自设温度，所以有必要知道每种茶适合的水温（见42~47页）。有些类型的水壶甚至可以在壶中泡茶。

盖碗

茶碗源自中国，一般均配有茶托，可以盛装175毫升水，容量与典型的陶瓷茶杯一样。泡茶时，将茶叶放入茶碗中，注水，等待。冲泡时间可以略短于标准时间，这主要归因于盖碗的形状和大小——杯盖称穹顶形，有利于空气流通和凝结，而杯身下窄上宽，茶叶有足够的空间释放味道。碗盖微微倾斜，挡住里面的茶叶，同时将茶汤倒入杯中饮用，留下的茶叶可以冲第二泡。在中国，有些人直接用盖碗泡茶饮茶。

双层玻璃杯

这种杯子用人工吹制的玻璃制成，两层玻璃中间的空气可以起到保温的作用。喝第一口时一定要小心，因为茶杯虽然不热，但里面的茶汤可能会很烫。

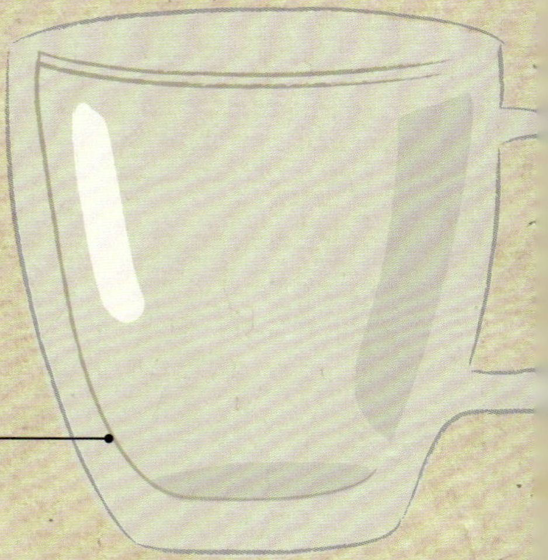

法式滤压壶

法式滤压壶起初主要用来冲泡咖啡，如今也经常用来泡茶，两者的用法是一样的。将干茶放入滤压壶，注入热水，静置合适的时间，然后压下滤压组。下压时，用力要轻。滤压组可以将茶叶与茶汤分离开来，但不要压得太紧，以免损坏茶叶，妨碍第二次冲泡。茶叶泡好后，将所有茶汤倒出，以免茶叶泡的时间过长。

智能泡茶机

一般来说，这种泡茶机均用不含双酚A的塑料制成，非常适合一杯杯地接茶喝。将茶叶放在泡茶机中，注入水，然后将泡茶机放在茶壶或茶杯上。按下机盖上的按钮，泡好的茶汤就会流到杯子里。有些泡茶机放在茶杯上，茶汤就会自动流到杯子里。智能泡茶机因为方便实用，受到很多茶馆和茶店的青睐，但是与茶壶比起来，较难清洗。

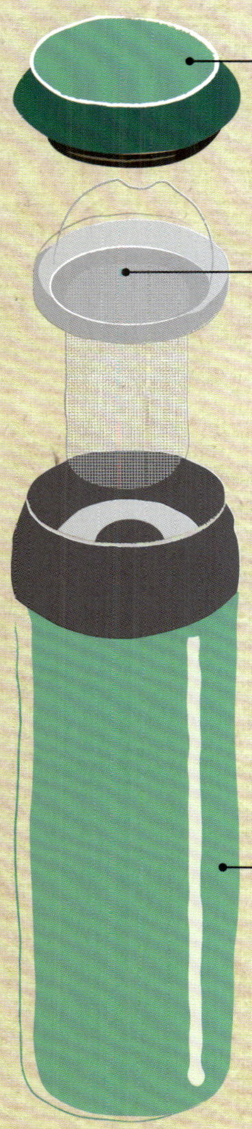

旅行茶杯

旅行茶杯各式各样，为旅途中想泡茶的人们提供了便利。大多数旅行茶杯都有保温的功能，可以保持茶的温度。有些旅行茶杯带有玻璃内胆，有些则是不锈钢内胆。上部配有滤茶器的旅行茶杯最好，就相当于是配有滤茶器的便携式茶壶。将干茶放在滤茶器中，注入热水，盖紧杯盖，上下倒置杯身，以便冲泡。

泡茶新法

用热水泡茶

传统上，人们都用热水泡茶，制茶时考虑的也主要是用热水冲泡。现在，除了传统的茶壶，还涌现出多种新奇的泡茶方法。

摇壶

这是一个简单而又绝妙的方法。摇壶有两部分组成，中间用一个不锈钢过滤器相连，与经典的沙漏很像。将茶叶放入上半部分，注入热水，盖紧盖子。上下倒置摇壶，让茶叶充分冲泡。待一定时间后，将摇壶转过来，来回摇晃，让茶汤通过过滤网流入下面的容器内。

往上面的容器中注入热水，**冲泡茶叶**。
茶汤通过中间的不锈钢过滤器流入下边的容器。
茶汤保存在下面的容器中。

冷泡器

用冷泡器泡茶，冲泡时间应更长，这样会让茶叶慢慢释放味道。我们的传统方法是用热水冲泡，将茶叶的最佳特色呈现出来。虽然冷泡法反其道而行之，但茶汤更为清淡，更为甘醇。这种方法尤其适用于绿茶和黄茶，也是冲泡大吉岭红茶的一种创新方法。

单杯冷泡器

这种冷泡器形状不一，使用起来十分简单。将干茶放入冷泡器中，注入冷水，拧上带有内置过滤网的接合器，将冷泡器置于冰箱内2~3个小时。然后，将茶汤倒出。有些冷泡器没有内置过滤网，而是配有可移动的滤茶器，这时茶叶置于滤茶器中，在倒茶前先要将滤茶器移开。

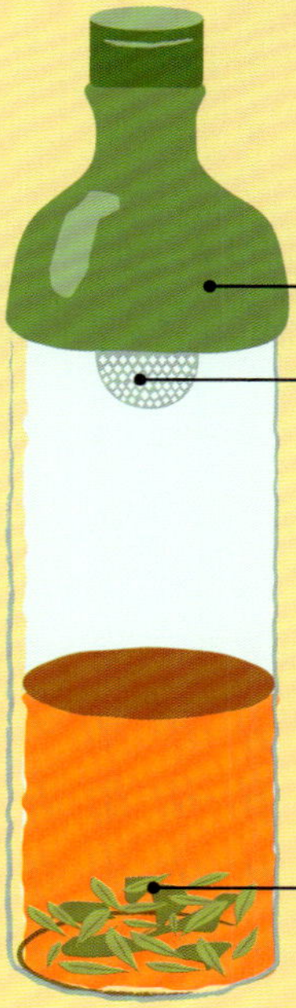
接合器
内置过滤网
茶叶在冷水中冲泡。

塔形冷泡器

这种冷泡器像高塔一样，由烧杯和玻璃管组成，看起来就像个实验室仪器一样。因为高达90~120厘米，所以无法放入冰箱中。将茶叶放在中间的烧杯中，将冷水注入最上面的烧杯并加入冰块，保持冰冷的温度。冰水会流过茶叶，再通过弯曲的玻璃管流入下面的杯子中。如果冲泡白茶，整个过程需耗时2小时。旋转螺旋阀，控制滴速以延长冲泡时间。绿茶、黄茶和轻发酵乌龙茶需要3小时，重发酵乌龙茶需要4小时，而普洱和红茶需要的时间最长，大约5小时。

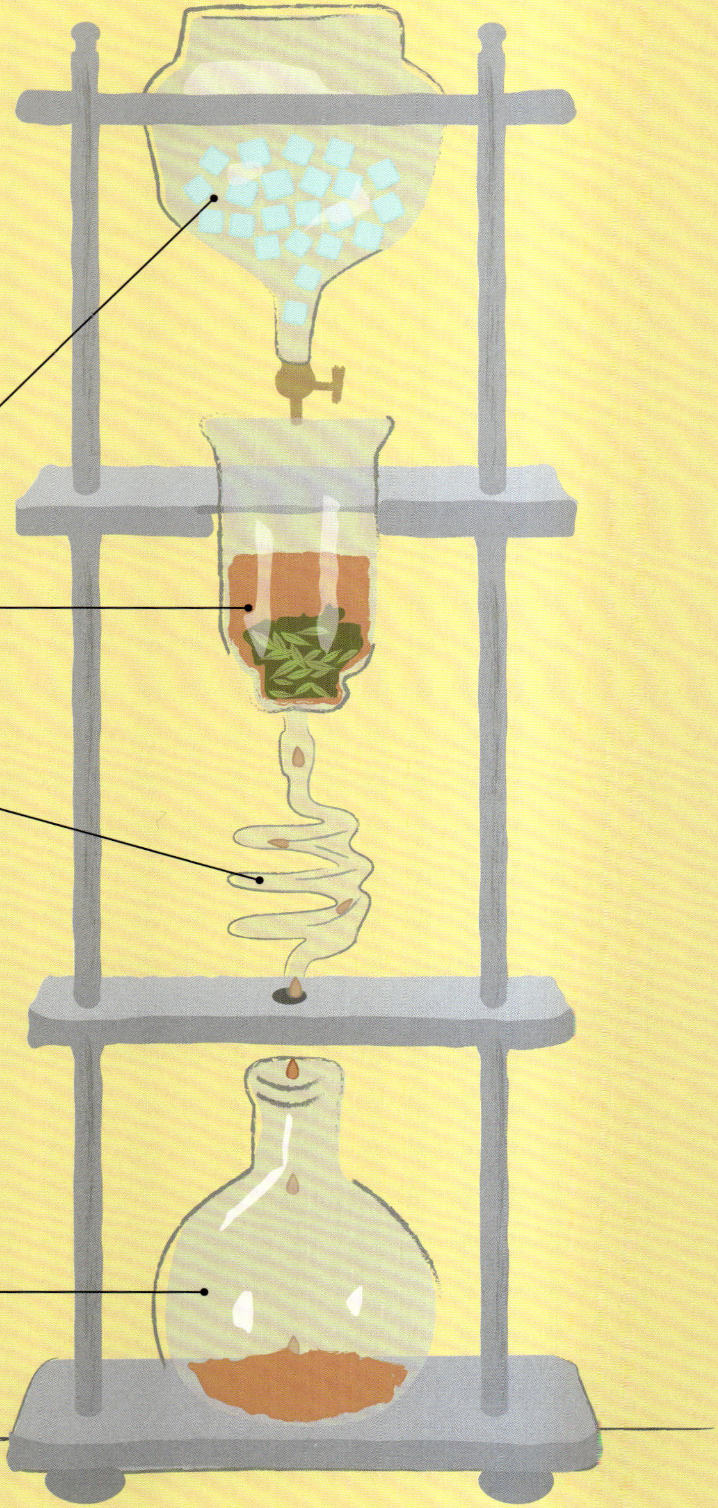
最上端的烧杯中存放**冷水**和冰块
水流过中间装有茶叶的烧杯。
茶汤流经弯曲的玻璃管。
茶汤流入下面的杯子中。

与用热水泡茶相比，使用冷泡法时需要多加入50%的茶叶。使用这种方法，茶叶释放的儿茶素和咖啡碱相对较少，所以茶汤会更加甘甜。

冷泡法不需要什么能量，所以是碳足迹最少的泡茶方法。

拼配茶

拼配茶的做法始于400年前的中国福建省。当时散茶代替了成块的砖茶，人们开始在茶叶中加入茉莉等干花，以增加茶叶的味道和香气。虽然传统的拼配方法至今仍很流行，但是加入水果和花的新式方法不断涌现。请用下面的配方自己尝试一番拼配之道吧。

拼配茶分为两种：一种为商品茶，一种为特色茶。商品茶可以混合30~40种不同产地的茶叶，为行业提供味道四季不变的茶包。调茶师每天都会品尝上百种来自各个产区的茶叶，以期调配出可靠的拼配茶。其目的是今天所调配的茶叶与去年和前年保持一致。

而特色拼配茶则混合多种不同产地的茶叶，一般会加入干果、香料或花。这一过程可以在商用厨房中实现：将调味香料和香精喷洒在茶叶上，然后将其装在转筒中混合。不过，你也可以在家中将原料放在碗中搅拌。以下配方均以200克拼配茶为基础。

经典的拼配茶

大多数爱茶人都很喜欢这些经典的拼配茶，其中有一些已经流传了数百年。除了玄米茶外，其他均可以加入牛奶。试试下面的配方，当然你也可以改变调配比例，做出独特的拼配茶。

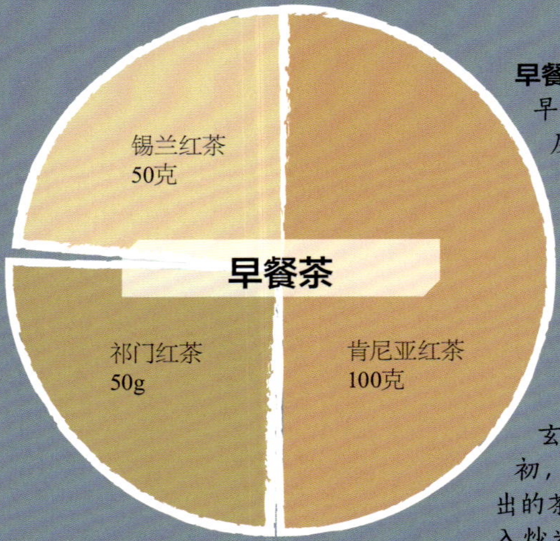

早餐茶

早餐茶有很多种，其中最常见的是英式早餐茶，主要由印度红茶、斯里兰卡红茶和肯尼亚红茶以不同的比例调配而成。爱尔兰早餐茶中会加入阿萨姆红茶，所以较为浓烈。早餐茶常常需要根据当地的水质硬度进行调配。这些拼配茶的配方严格保密，没有哪家著名的茶叶公司会将其公之于众。

玄米茶

玄米茶由煎茶和炒米混合而成。最初，炒米作为配料加入茶中，这样做出的茶更便宜。不过，现在的观点是加入炒米可以增加茶香。有时，还会加入几颗用大米爆出的爆米花，所以玄米茶也称为爆米花茶。现在介绍一种简单的制作炒米的方法。用水冲洗短粒白米，然后用文火在铸铁煎锅中干炒10~15分钟，直到炒成金黄色。炒米凉凉后，加到日本煎茶中。

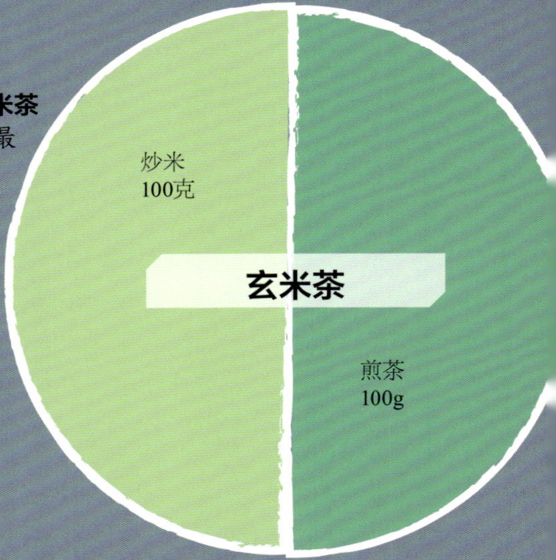

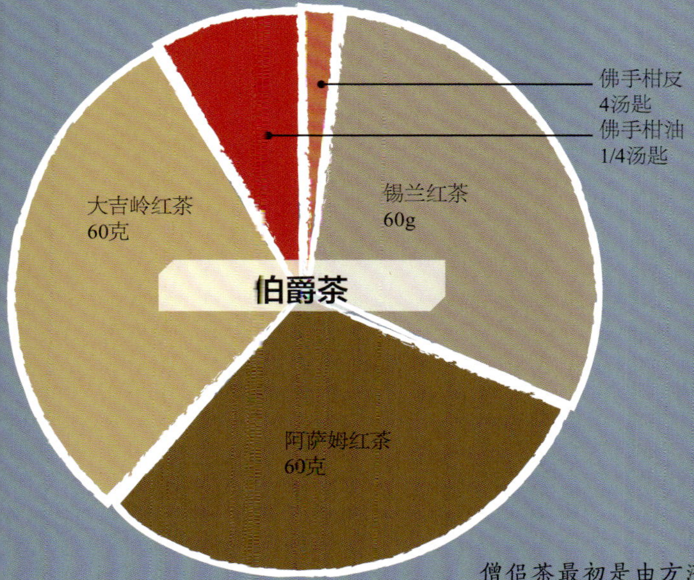

伯爵茶

伯爵茶是一种拼配茶，具有不同程度的提神作用，从*1830*年格雷伯爵开始担任英国首相时开始流行。这种经典的拼配茶混有三种红茶：大吉岭红茶、锡兰红茶和阿萨姆红茶。其中，锡兰红茶会为伯爵茶增添明亮的颜色，而具有麦芽香的阿萨姆红茶则可以增加伯爵茶的浓度。这种拼配茶的特别香气源于加入其中的佛手柑油和佛手柑皮。你也可以用柑橘皮代替佛手柑皮。

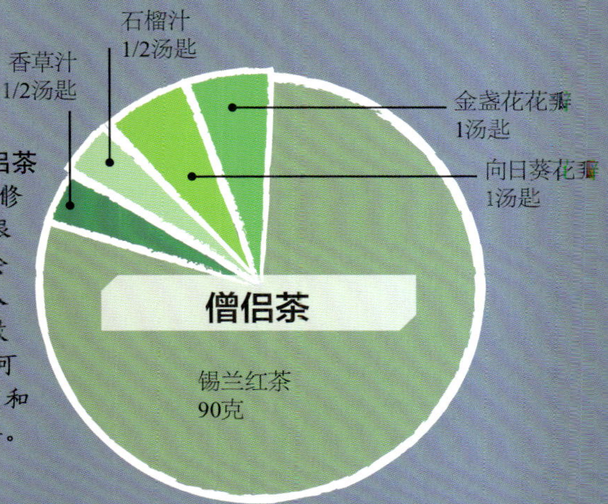

僧侣茶

僧侣茶最初是由方济会的修士发明，如今在各大茶馆很受欢迎。传统的拼配方法会加入石榴汁糖浆，不过加入石榴汁也会达到同样的效果。另外，加入的香草汁可以使茶汤也顺滑，金盏花和向日葵花瓣可以增色加香。

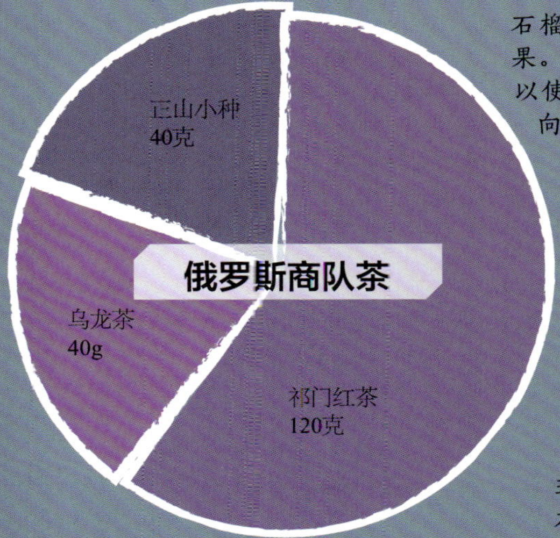

俄国商队茶

这种具有舒缓作用的茶叶由三种中国茶叶拼配而成，即祁门红茶、正山小种和乌龙茶，目的是为了纪念*19*世纪将茶叶和其他货物从中国运到俄国的骆驼商队。商旅漫长，一般要耗时数月之久。在此漫漫旅途中，茶叶会受到篝火的烟熏，并经历恶劣的天气。这种拼配茶具有木火的香甜味道和淡淡的烟熏气息，对于不喜欢具有焦油味的正山小种的人来说，商队茶可谓一种选择。

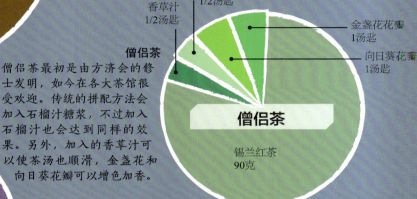

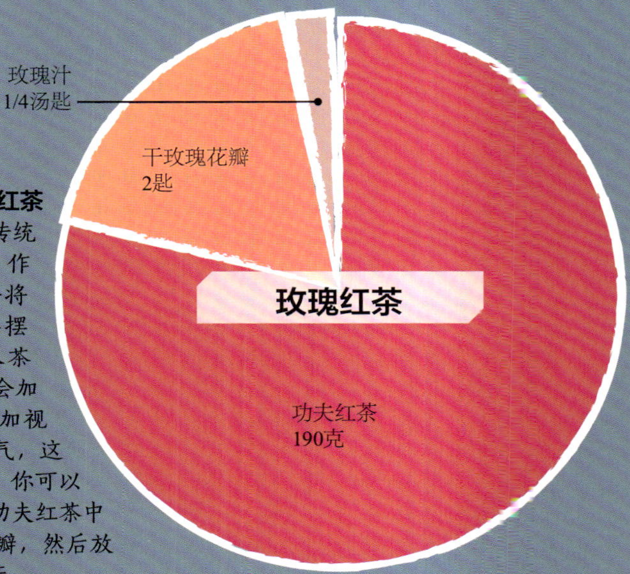

玫瑰红茶

玫瑰红茶是中国的一种传统花茶，*18*世纪热销英国。作为商品而言，制茶人会将干茶叶与玫瑰花瓣分层摆放，直到玫瑰花油渗入茶叶为止。此外，一般还会加入一些玫瑰花瓣，以增加视觉享受。因为玫瑰的香气，这种红茶常被当作下午茶。你可以自制玫瑰红茶，在中国功夫红茶中加入玫瑰汁和干玫瑰花瓣，然后放在密封的容器中静置数天。

当代拼配茶

过去5年，在茶中加入新鲜的水果、鲜花、干果和干花的做法越来越流行，同时人们对这些以浓烈、甘甜和水果味著称的拼配茶的需求也在增加。这些当代拼配茶常常以糕点和布丁的名字命名，不过因为深受欢迎，已经成为单独的门类——甜品茶。有些一开始并不喜欢饮茶的人可能觉得它们十分可口，所以有时这些茶也被称为“入门茶”。这些茶色泽鲜亮，冷饮绝佳，还可以作为烘焙糕点的原料。

制作拼配茶，不一定要用优质茶叶，因为其他成分的香味会盖过茶叶的寡淡。要想配制出好茶，秘密就在于使用相宜的原料。从经验上讲，如果这些原料可以做出很好的甜品，可能也适合于做拼配茶，这时一般用红茶作为主要原料，不过其他种类的茶也可以与适合的原料搭配。下面介绍几种可以在家中尝试的甜品茶。制作这些美味的茶品时，冲泡时间以及水温均与作为主要配料的茶叶相同。

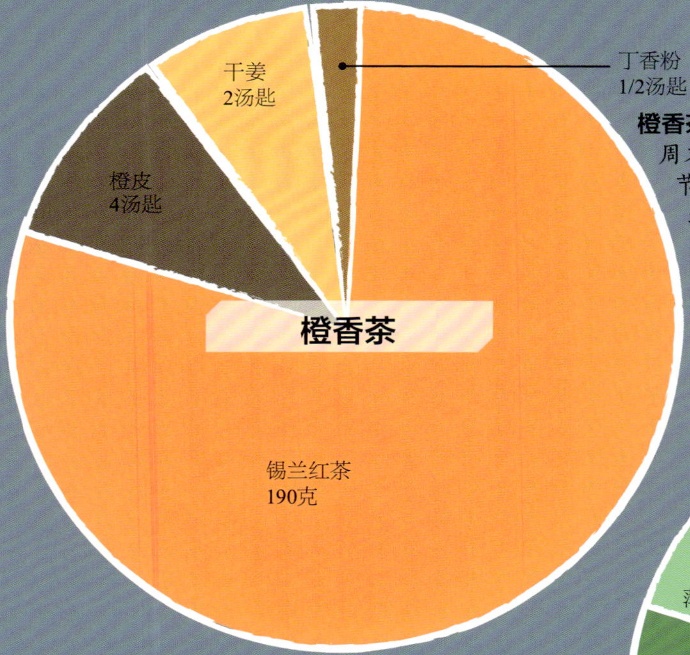

橙香茶

周末早餐、午餐并一顿的时候，或是节日聚餐时，这种甜品茶可谓理想的选择。橙红明亮、口感浑重的锡兰红茶可以盖过丁香粉的强烈味道和干姜的辣味，同时橙皮可以带来甘甜的味道。

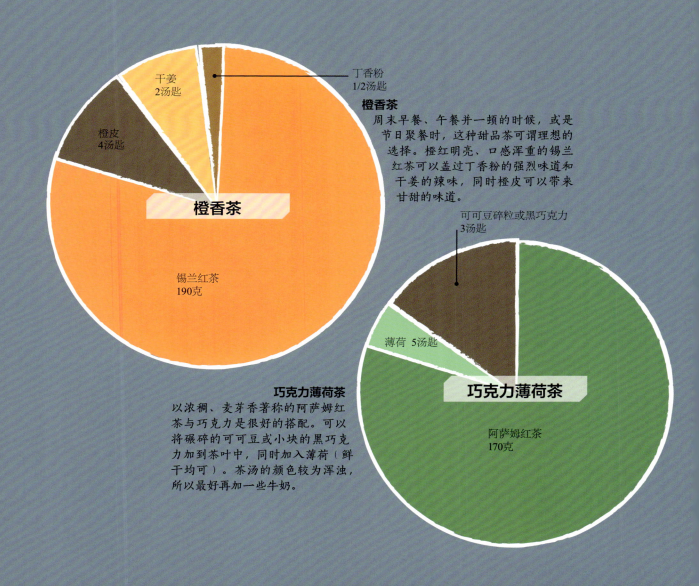

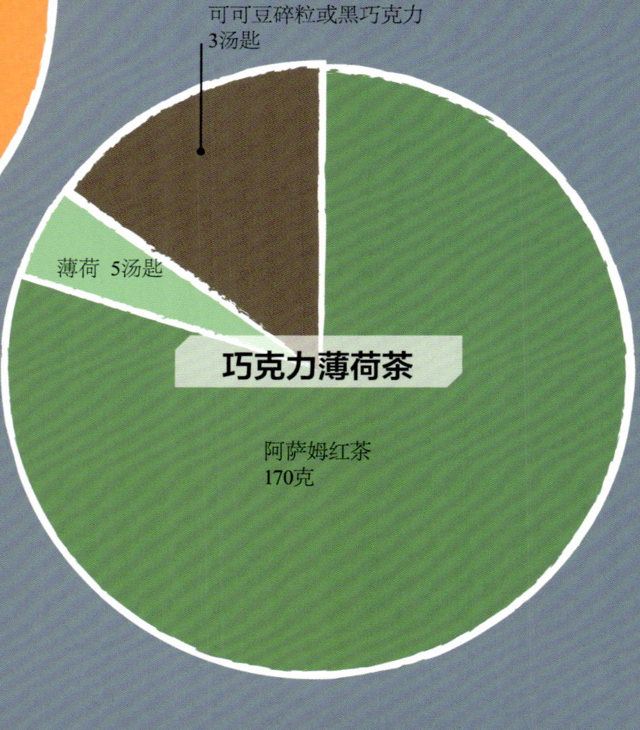

巧克力薄荷茶

以浓稠、麦芽香著称的阿萨姆红茶与巧克力是很好的搭配。可以将碾碎的可可豆或小块的黑巧克力加到茶叶中，同时加入薄荷（鲜干均可）。茶汤的颜色较为浑浊，所以最好再加一些牛奶。

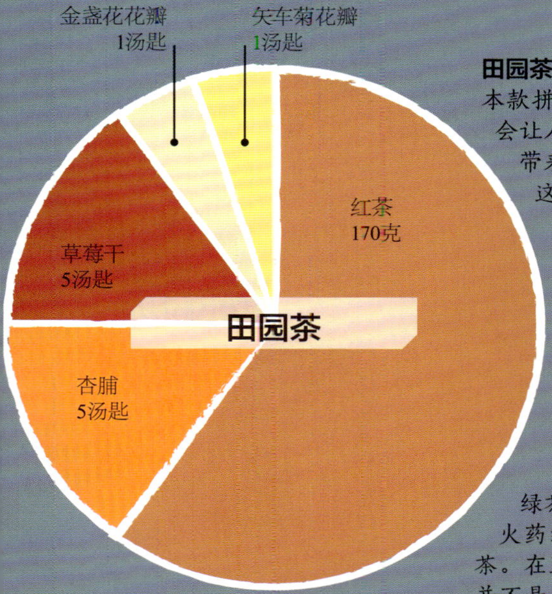

田园茶

本款拼配茶可谓色香味齐全。矢车菊和金盏花会让人想起夏天的花园，而杏脯和草莓干则会带来一幅果园的美景。红茶可以很好地调和这些味道，同时使水果味显得不那么甜。

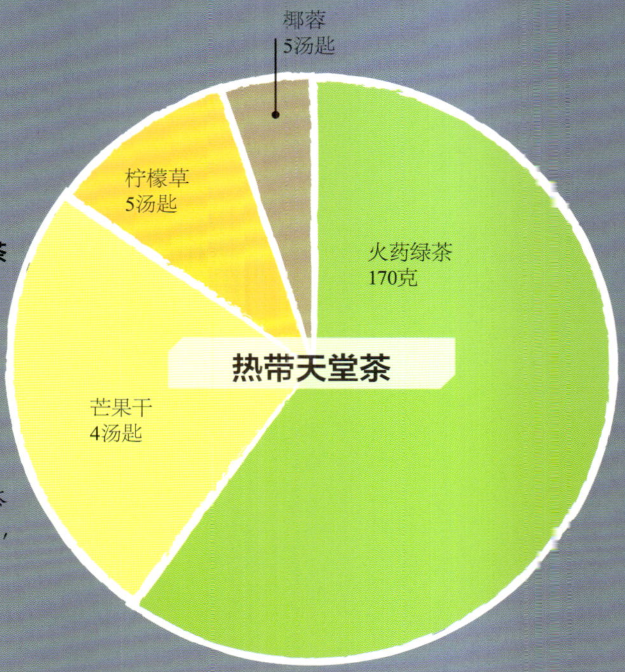

热带天堂茶

绿茶的拼配茶主要使用火药绿茶或其他低等绿茶。在这种拼配茶中，茶并不是主要原料，因为茶的味道并不明显，而只是给茶品增添了些许味道。这种用干柠檬草、芒果干和椰蓉混合成的热带拼配茶绝对是大众所爱，过程有趣，味道清爽。

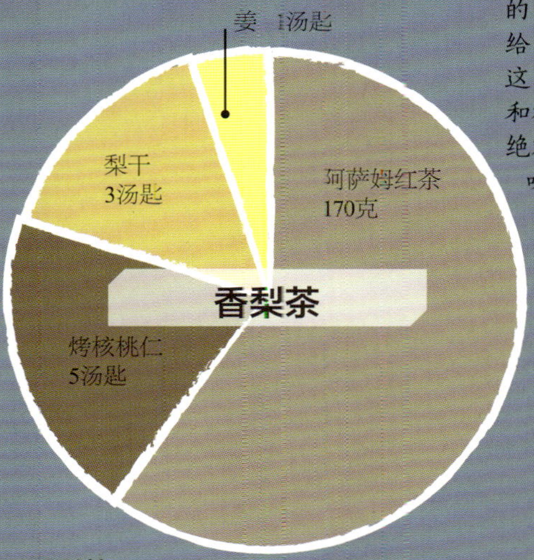

香梨茶

要配制这款含有坚果的茶，阿萨姆红茶是最佳选择，因为它可以充分利用梨干的甘甜。炒核桃仁可以中和甜味，姜可以增添辣味。根据个人习惯，这款茶品中也可以加入牛奶。

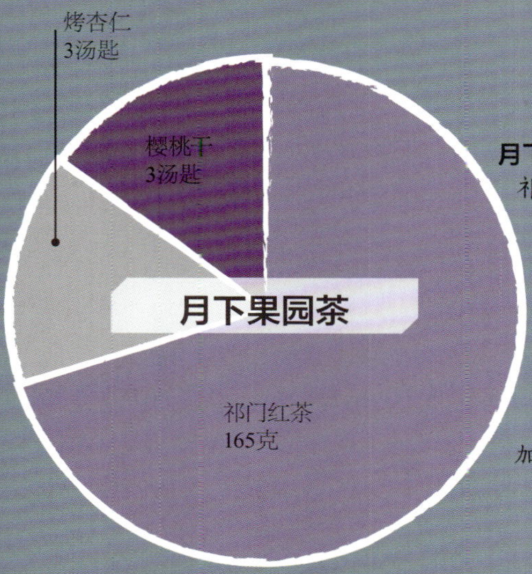

月下果园茶

祁门红茶常常被誉为“茶中的勃艮第”，是中国红茶中的极品，味道香醇。祁门红茶本身就带有黑莓的果香，所以与樱桃干搭配是很自然的选择。碾碎的杏仁的香味可以中和甜味，而天然的杏仁油可以增加爽滑感。

世界各地的茶

茶的历史

自从茶在亚洲发现以来，逐渐传播至世界各地，所到之处备受欢迎。不过，这种以提神醒身闻名的饮品却有着一段波折的历史，还曾引发革命与战争。

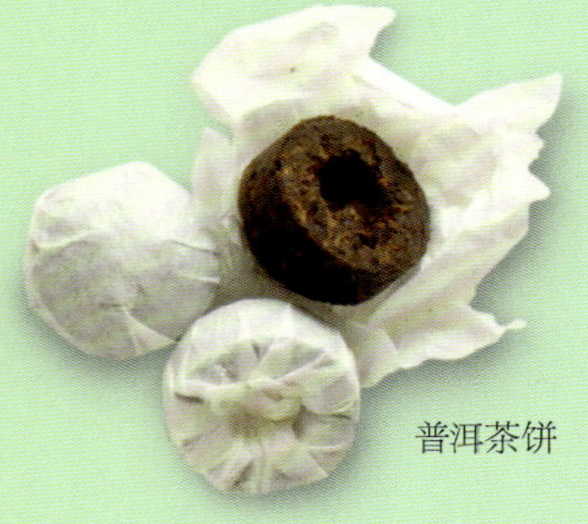

普洱茶饼

茶的发现

传说公元前2737年，神农发现了茶叶。当时他在一棵茶树下休息，风将茶树叶吹落到煮沸的水中，神农觉得香气扑鼻，于是尝了一口，顿觉神清气爽。

唐朝学者陆羽

茶的传播

唐朝（618—907）时期，日本和朝鲜的和尚将中国茶籽带回国。这些僧人推行的茶文化至今仍然盛行。

时间轴

公元前2737年
神农氏发现茶叶

公元420年
和尚在冥想时开始饮茶。

618—907年
唐朝建成了茶马古道，连通了云南的产茶区与四川和西藏的饮茶地区。

760—762年
唐朝学者陆羽写成《茶经》。

828年
中国茶种传到朝鲜，种在朝鲜南端花开村旁边的智异山。

茶的种植

到公元420年，中国的佛教僧侣为了在冥想时凝神静气，于是开始饮用茶叶。他们在寺庙周围种植茶树，将茶叶制成茶饼，卖给当地人。后来，农民学会了种茶和制茶的方法，饮茶成为日常生活的一部分。

茶的贸易

右图红线为茶马古道。人们使用这条贸易要道进行物物交换，用茶叶（茶饼）交换用于运输和战争的强壮马匹。

蒙古入侵

1271年，蒙古入侵中国，建立了元朝（1271—1368年）。因为蒙古人对中国高雅的茶文化不感兴趣，仍喜欢自己粗野的饮茶方式，所以中国本土的茶文化开始消失。当元朝被明朝（1368—1644）取代后，茶叶的加工方法发生变化，散茶替代了紧压茶。

蒙古奶茶
这种咸奶茶一直都是蒙古人必不可少的饮品。

1271年
蒙古族入侵中原，宋朝的茶道逐渐没落。

16世纪90年代
在中国的葡萄牙传教士在信中描述了茶叶。

1610年
葡萄牙开始从中国进口茶叶。

1619年
荷兰人在巴达维亚（今雅加达）建立港口，用于欧洲的茶叶进出口贸易。

1658年
伦敦一家报纸登出了一则广告，告诉公众伦敦一家咖啡馆有茶出售。当时英国人称茶为“中国饮品”（*China drink*），并且仅有少量茶叶出售。

1664年
东印度公司开始从中国进口茶叶，经爪哇岛运到英国。

茶的风靡

16世纪，葡萄牙成为第一个饮茶的欧洲国家，但使之流行起来的却是荷兰。荷兰成为最大的茶叶进口国，并与其他欧洲国家进行茶叶贸易。因为茶叶价格高昂，所以当时只有富人饮用。

东印度公司

1600年成立的英国东印度公司是一家股份公司，后来发展为叱咤风云的垄断公司，控制着全球一半的贸易。虽然开始时东印度公司的茶叶全部进口自中国，不过后来也开始种植茶叶，供给英国及其殖民地。

公主的嫁妆

1662年，葡萄牙公主凯瑟琳嫁给英国国王查尔斯二世。她的嫁妆十分丰厚，其中包括几箱茶叶。当时，饮茶在葡萄牙贵族中间以及孟买的港口已经流行起来。孟买后来成为东印度公司在远东的贸易总部，向世界各地出口茶叶。虽然当时茶在英国并不时兴，但是凯瑟琳王后对茶的钟爱促进了茶在皇室的风靡。

阿萨姆红茶

俄罗斯红茶

1638年茶叶引入俄国，但直到茶驼古道建成后，俄国人才拥有稳定的茶叶供给。

各国语言中的“茶”

因为欧洲人与操中国厦门话的茶商交易，所以欧洲人采用了这些茶商所说的“tay”。英语中的“tea”、法语中的“thé”、荷兰语中的“thee”和德语中的“tee”均源于此。

1662年

英国国王查尔斯二世迎娶葡萄牙凯瑟琳公主，饮茶风尚随之进入英国的贵族圈子。

1676年

因为饮茶的风靡，查尔斯二世将茶税提至119%。

1689年

途经西伯利亚的茶驼古道连通了俄国和蒙古，促进了这些国家的茶叶贸易。

1773年

因为北美人民不满英国殖民者的统治，发生了波士顿倾茶事件，其间一船茶叶全被倒入海湾。

英属殖民地

虽然茶税很高，但是茶叶在英属北美殖民地备受欢迎。为了抗议英国的税收政策，1773年12月16日美洲殖民地居民将一船茶叶倒入波士顿港湾。这就是波士顿倾茶事件，最终引发了美国独立战争。（1775—1783年）

茶叶走私

因为英国茶税居高不下，所以茶叶走私贸易甚为猖獗。茶叶通过海峡群岛和马恩岛从欧洲走私到英国。虽然18世纪初走私十分普遍，不过一般都是个人走私者用小船，有时甚至是划艇运茶，一次最多能运60箱。

取经中国

尽管在印度发现了当地的茶树，东印度公司还是更青睐中国的茶树。中国的茶树种要优于阿萨姆种，因为前者可以承受住大吉岭寒冷的天气和高海拔。植物学家罗伯特·福琼被派往中国引进插条和茶籽，并在中国内陆省份学习有关茶的知识。1848—1851年间，福琼将中国茶籽和茶苗用船运到印度。

中国盖碗

鸦片战争

虽然英国在印度建立了茶园，但东印度公司仍继续与中国进行茶叶贸易。东印度公司把在印度种植的鸦片卖给中国人换取白银，又用这些白银从中国购买茶叶。到19世纪20年代，吸食鸦片在中国十分普遍，中国政府因此禁烟。尽管如此，鸦片买卖仍未停止，因此1939—1960年间，中英两国之间发生了两次鸦片战争。

1778年
自然主义者约瑟夫·班克斯建议英国政府在印度东北部种植茶叶。

1784年
英国时任首相威廉·皮特将茶税从119%降至12.5%，此后工人阶层也可以买得起茶叶。

1823年
印度阿萨姆发现了当地的野生茶树，即大叶种茶。

1835年
利用扦插方法，在当地大叶种茶的基础上首次进行了茶树栽培。

1837年
美国开始直接与中国进行茶叶贸易往来。

1838年
从阿萨姆采摘的一小批茶叶送往伦敦鉴定。

1839—1860年
鸦片战争

大众饮品

18世纪，英国的茶叶价格几乎一直很高，超出了工人阶层的承受范围。不过，1784年英国政府降低茶叶关税后，茶叶走私逐渐消弭，茶叶随即成为大众饮品。

工人阶层饮用的是低等茶叶，并将茶融入到一日三餐中，经常与面包、黄油和奶酪一起食用。茶取代了当时十分流行的啤酒，所以人们的身心健康得到了提升。

印度的茶树栽培

因为货运时间长，价格高，贸易不平衡，所以东印度公司认为要想拥有稳定的茶叶来源，必须开始在印度种植茶树。1835年，第一批栽培品种在印度阿萨姆种植，不过十多年后才开始大规模采摘。到19世纪70年代，私人茶园在阿萨姆和大吉岭不断增多，所提供的茶叶比以前中国所供数量更大，价格更便宜。

瓷器

18世纪中叶，欧洲的工匠已经喜欢上了瓷器的制作过程。到19世纪中叶，为了满足下午茶茶具的需求，欧洲和英格兰的骨灰瓷店铺生意兴隆。

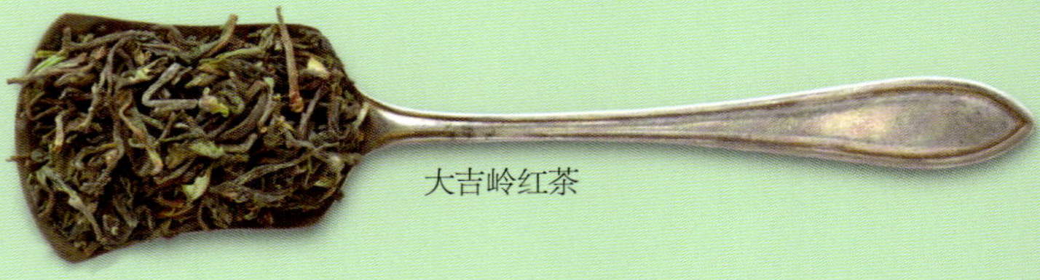

大吉岭红茶

骨灰瓷
精细的骨灰瓷茶杯和茶托镶有金边，在夜晚的灯光下熠熠生辉。

苏伊士运河

1869年，苏伊士运河开通，此后蒸汽轮船从东方的茶产区到欧洲和北美的成本降至史上新低。这些轮船速度更快，装载量更大，让西方人首次喝上了更新鲜、更优质的茶叶。

1840年
英国在锡兰（今称斯里兰卡）种植茶叶的首次尝试以失败告终。

1869年
苏伊士运河开通，轮船减少了到达亚洲所需的时间和成本。因为锡兰的咖啡种植突遇毁灭性打击，所以茶树种植开始受到重视。

19世纪40年代
高速帆船缩短了将茶叶运往北美的时间。

1869年
英国开始在斯里兰卡种植茶树，茶叶的充足供应导致价格大幅下跌。

1872年
阿萨姆首次使用蒸汽揉茶机，降低了制茶的时间和成本。

海上运茶

19世纪上半叶，船只需要绕过非洲的好望角才能到达英国和美国。新发明的快速帆船船身低，流线型设计，且装有纵帆，速度可达20海里/小时，比先前船只的运茶速度快了一倍。作为最后一批商用船只，“卡蒂萨克”号帆船在1877年以前一直用来运输茶叶。

快速帆船

印度的茶叶

19世纪下半叶，印度的茶叶种植园呈现一片繁荣之势。在维多利亚女王执政时期（1837—1901年），印度每年都会清理一些土地用来种茶。印度的优质黑茶在欧洲、澳大利亚和北美的需求量很大。

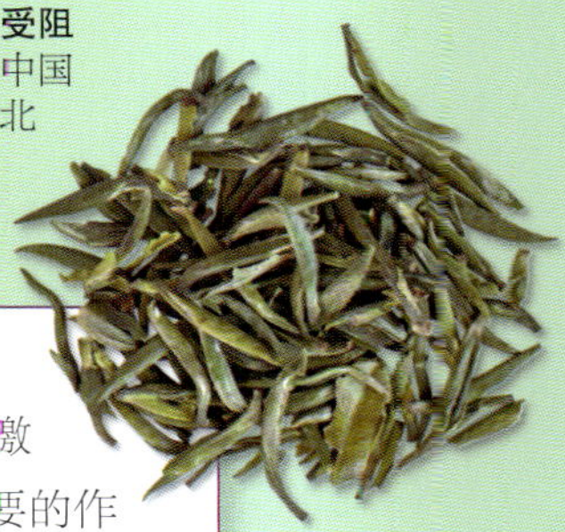

茶运受阻
在第二次世界大战之前，中国和日本的绿茶占据40%的北美市场。

茶歇

随着19世纪末工业革命的飞速发展，工厂的工人轮班时必须工作更长的时间。于是，雇主开始在上午和下午为工人提供免费的茶饮。这一习俗演变为“茶歇”。后来，主人也会给仆人一定的茶饮补贴。

第二次世界大战

第二次世界大战期间，茶叶在激发英国人的士气方面起到了至关重要的作用。虽然平民每人每周的配额为56克，但军队人员和应急服务人员可以分配到更多的茶叶。

战争期间开往北美的航道受阻，只有黑海可以通往大西洋。战争结束时，北美人已不再喝茶，直到后来才又重新开始饮茶。

1908年
纽约市一位名叫托马斯·沙利文的茶商用丝制小袋给顾客寄了一些茶叶样品，无意中使茶包风靡起来。

1910年
印度尼西亚开始栽培茶树。

1920年
茶包开始进驻商业化市场。

1939—1945年
第二次世界大战期间，茶叶实行定量配给，重要的茶叶交易路线被封锁。

1957年
转子式茶叶揉切机发明，制茶过程效率更高。

20世纪60年代至今
饮茶风尚持续高涨，茶叶已经成为全球饮用范围最广的饮品，仅次于水。

下午茶

到19世纪末，下午茶已经成为英格兰贵族和中产阶级的一种习惯。

女士们会穿着专门裁制的衣服在家中用茶招待朋友。她们穿着非正式的飘逸长裙，不加紧身褡。大街上的茶馆鳞次栉比，成为早期妇女参政论者的聚会场所。

茶叶种植园
此图为印度南部喀拉拉邦的慕那尔，茶树在海拔1600米的高处茁壮成长。

下午茶

下午茶是英国的传统习俗，最开始只是下午的一顿便餐，现已演变成在全球各地都备受欢迎的大餐。现在，经典的下午茶已经根据当地人的口味进行了改良。

下午茶的起源

下午茶的习俗可以追溯到19世纪40年代，当时英国上层家庭已经开始使用煤气照明，所以人们可以晚一点儿吃饭，这种推迟晚饭时间的做法成为一种时尚。当时，人们一天一般只吃两顿饭：早饭和晚饭。作为一位有影响力的贵族，贝德福公爵夫人每天下午大约4点会边喝茶边吃些茶点，这样可以在晚饭时不至于那么饥饿。后来，贝德福公爵夫人开始邀请朋友到她在贝德福德郡沃本修道院的房间里一起喝茶。很快，这种在闺房里招待贵妇饮茶的做法成了一种社会习俗，在英国及其殖民地流传开来，并且地点由闺房改为会客厅。

下午茶的兴起促进了骨灰瓷茶具的需求，因此全球的瓷器制造繁荣起来。这种习俗20世纪50年代在北美达到鼎盛时期，当时美国作家艾米丽·波斯特写了一篇关于饮茶礼仪的文章。

传统的下午茶时间一般接近傍晚时分，现在的下午茶一般都在下午2点到5点，可以取代午餐和晚餐。 近些年来，人们对下午茶的兴趣开始复苏，全球各地的宾馆、咖啡馆和茶馆常常提供主题下午茶，并配有甜点和菜肴。

下午茶礼仪

下午茶已经在英国文化中生根发芽，每个人对下午茶都有不同的理解。至于下午茶的正确方式，存在各种争论，比如怎么吃司康饼，是切成薄片还是按照自然的裂痕掰开？什么时候涂抹浓缩奶油，是像康沃尔郡的习俗那样在果酱之前，还是像德文郡那样在果酱之后？是将茶倒入牛奶中，还是将牛奶倒入茶中？

传统而言，下午茶一般选用浓郁的红茶，比如大吉岭红茶或阿萨姆红茶。伯爵茶等经典下午茶也十分流行。茶总是搭配牛奶、柠檬或糖同时饮用。此外，一般还会提供黄瓜三明治、熏鲑鱼奶油三明治等无硬皮的三明治，还有涂有果酱和浓缩奶油的司康饼。糕点通常与茶同时享用。

如今，供应下午茶的地方，茶单上的品类比以往更为丰富，有各种各样的菜肴和甜点。茶的品种也更为齐全，中国绿茶、日本绿茶、乌龙茶、拼配茶、花草水果茶等全球各地的茶一应俱全。另外，吃下午茶之前先来一杯香槟也很常见。下午茶的茶点因地区而不同，在不同的地方你可以吃到点心、海鲜、什锦小吃，以及马卡龙、杯形蛋糕等甜点。

先放牛奶

先将牛奶倒入茶杯里有很多好处。过去人们认为凉牛奶可以降低热茶的温度，从而保护精致的骨灰瓷茶杯。不过，现在主人上茶时，让客人自己根据习惯加入牛奶或糖，更为常见，也更为礼貌。

虽然下午茶似乎是英国茶文化的缩影，但人们一般将其视为一种大餐，只有在庆祝特殊日子才会享用，人们并不是每天都吃下午茶。

中国

中国是一个拥有很多茶山的国家。数千年前，中国人成为开始饮茶的第一人。我们现在所知道的种茶方法都是从中国学来的。

中国是世界上最大的产茶大国，不过所产之茶大多供国人饮用，只有相对较少的一部分用于出口。因此，西方一些富于冒险的茶叶零售商试图与中国的种茶人建立紧密的联系，希望买到最好的茶叶以飨顾客。

就全球而言，中国的茶叶种类最多，这里的制茶人极为精通茶叶的种植和制作，这主要归因于中国4000多年的制茶历史。茶叶仍是人工采摘，并且一般只使用传统方法制茶（见21页）。制茶人可能会调整一般的制作工序，做出独具特色的茶叶，一少部分绿茶就属于此种情况。

虽然中国的很多种茶人都只关心所在产区的茶叶，他们也会尝试一些其他做法。例如，用一般制作绿茶的栽培品种制作红茶，或是种植制作抹茶的日本薮北茶种。

安吉白茶

中国茶叶小贴士

中国茶叶小贴士 **36.8%**

海拔：中海拔至高海拔

产茶大省：
安徽、广东、湖北

绿茶、乌龙茶、白茶、红茶、普洱茶、黄茶

采摘时间：
3月至5月

全球排名：世界最大的产茶大国

安吉白茶产自浙江省安吉县，虽然名为白茶，但实属绿茶，因为采摘的嫩叶全为白色而得名。

四川省

公元前53年，四川省蒙顶山建成了第一个茶园。早在公元907年，蒙顶甘露这种绿茶就已经成为唐朝的贡茶。如今，蒙顶甘露的初摘茶很快就会售罄。该地区的其他茶叶包括竹叶青（绿茶）和蒙顶黄芽（黄茶）。

竹叶青 为绿茶，产自四川省，其茶叶像绿色的竹叶一般。

浙江省

作为富裕的沿海省份，浙江省最著名的茶叶为龙井，一般小批量产于龙井村。浙江省另一处茶叶种植区位于安吉，安吉白茶便产于此地。

福建省

福建省是闻名遐迩的正山小种的产地，此外该省还出产各种茶叶，包括武夷山的金骏眉和乌龙茶，还有北部福鼎地区的白茶。

湖南省

湖南省以君山银针闻名，这种黄茶长在洞庭湖的一个小岛上。此外，湖南省还出产另外一种有名的绿茶，即烟熏茶沩山毛尖。

云南省

过去一年，人们对云南茶叶的需求量不断上涨，这主要源自云南的黑茶，比如普洱和金针。有些西方人花费数百英镑，只为买到几克最稀少的普洱茶饼。

图标

著名产茶区

茶区

中国茶文化

几千年来，茶在中国人的生活中一直受到高度的重视。随着时间的沉淀，茶文化和茶习俗已经发展为一门艺术形式。对于中国人而言，茶不仅具有滋补和药用的价值，还能激发灵感。

古代

中国作为唯一的饮茶国家持续了2000多年的时间。后来，随着丝绸之路和茶马古道开启了贸易之门，与中国接壤的国家引入了茶叶。虽然自汉代（公元前206年—公元220年）起饮茶就是中国人生活的一部分，但直到唐朝（618年—907年）和宋朝（960年—1279年）才出现了复杂的茶艺，比如功夫茶（见78～83页）。唐朝学者陆羽撰写了《茶经》一书，书中详细介绍了茶树种植、茶叶采摘和制茶的方法。这是茶史上的一大转折点，标志着茶已经进入中国人生活中的文化层面。

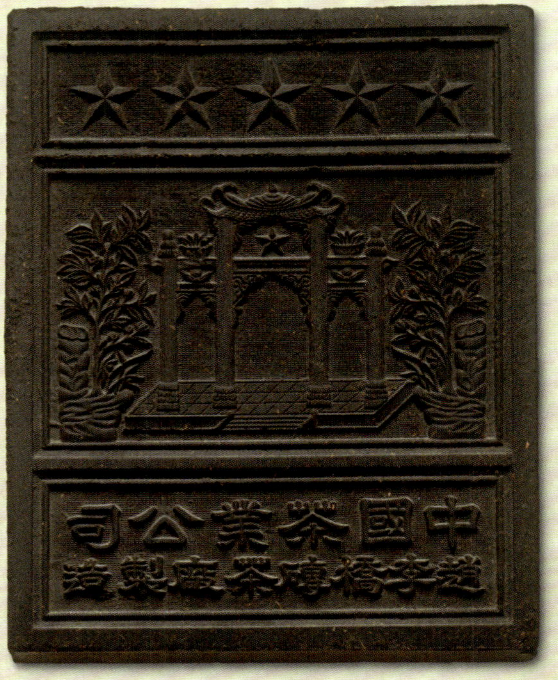

茶砖
将茶叶压成上图中的茶砖，这样在运输途中不容易损坏。

茶馆

从唐朝开始，各个阶层的人都会聚集在茶馆讨论时事，进行社交。茶馆会供应茶水和茶点，位置一般坐落在水上或临近水源，这样客人们可以观赏锦鲤在水中游动，聆听潺潺的水声，增加饮茶过程中的美感。

茶馆成为社会生活的中心，人们可以在这里欣赏各种艺术，包括诗歌、音乐、书法、戏剧。清朝时期（1644—1912年），描述茶山生活的戏曲十分流行，并经常上演。例如，江西省的赣南采茶戏已有300多年的历史，主要是采茶人在茶园为消磨时间所唱的歌。

竹筒
古代中国，茶叶一般放在竹筒中，用于长途运输。

画扇
古代男女饮茶时会扇着漂亮的画扇解热。

贡茶

在古代中国，皇帝会钦点最好的茶园的初摘茶为贡茶。种茶人可以从中受益，因为得到皇帝的青睐可以促进茶叶的销量。

制作贡茶的传统今天已经演变为每年一度的十大名茶评选活动。每年的榜单几乎很少变化，以绿茶为主，包括几种乌龙茶，外加一种红茶。

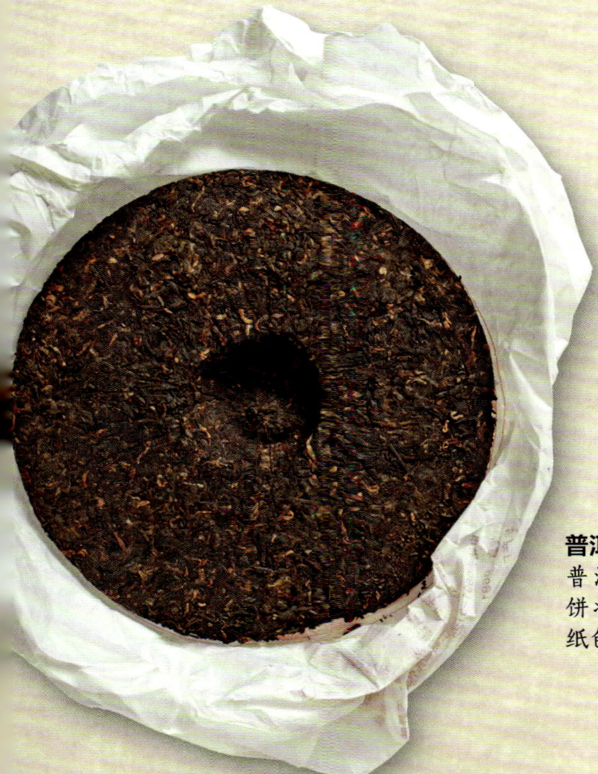

普洱茶
普洱茶压成饼状，用宣纸包裹。

中国的茶叶复兴

在中国，茶仍然是人们生活中重要的组成部分。出租车司机总会在车里的杯座上放置一大杯绿茶；有专门教授女子茶艺的学校，她们学成后可以在中国的众多茶馆中找份工作。中国的制茶人正在研发新的适合西方人的红茶。2006年，武夷山的正山小种茶“金骏眉”面世，立刻受到追捧。

茶文化旅游目前也很流行，爱茶人会到访福建武夷山、浙江杭州的西湖，或是体验云南丽江以茶为主题的宾馆和餐厅。香港也因港式奶茶（见176页）和茶具文物馆吸引着很多爱茶人。茶具文物馆之前曾是驻香港英军总司令的官邸，现在收藏着世界各地最古老的茶具。

佛教僧侣是栽培茶树并传播相关知识的第一人。

中国功夫茶

功夫茶艺既是泡茶的一种仪式，也是对泡出好茶所需要时间和精力的一种敬意。功夫茶需要多种茶具，从瓷器到陶器，每种茶具都有各自的用途。

功夫茶是中国传统的泡茶方法，需要高超的技巧，大多由女子操作。泡茶人的手部动作是经过精心设计的，与茶叶的冲泡时间匹配得很好。功夫茶一般使用轻发酵乌龙茶铁观音，不过也可以使用其他优质茶叶。

功夫茶根据地区主要分为两大流派：一个是最具代表性的广东潮汕功夫茶，直接将茶汤倒入品茗杯中；另一流派是福建武夷山功夫茶，先将泡好的茶汤倒入茶海（又名公道杯）中，然后再平均分到品茗杯中。

宜兴紫砂壶是泡功夫茶的最佳选择。未上釉的宜兴茶壶可以吸附茶的香气，所以一般只用来泡一种茶，可以用瓷器和玻璃茶具上茶。

宜兴紫砂壶
这种未上釉的茶壶用江苏宜兴当地的陶土烧制而成。泡茶前先用热水淋壶，可以起到洗涤和暖壶的功效。

滤茶器
在将茶汁倒入茶杯时，可以过滤茶叶。

茶则
用来量取茶叶，将茶叶放入茶壶中。

闻香杯
品茶前用这种小杯子闻茶香。

茶玩
这具紫砂质地的茶玩造型是一种神话中的动物，用热水浇淋时会变色。人们认为茶玩具有吉祥如意的寓意。

品茗杯
将闻香杯中的茶汤倒入品茗杯中，供客人品饮。

水盂
这个大碗用来盛装凉了的茶汤和泡茶过程中的废水。

茶夹
温杯时用来夹取闻香杯和品茗杯。

茶匙
用来向茶壶中拨倒茶叶。

公道杯
茶汤倒入公道杯中，以保证茶汤均匀地分倒在每位饮茶人的茶杯中。

茶针
用来疏导被茶渣堵住的壶嘴。

茶盘
茶盘的材质有木质或竹质等，用途是放置茶具。上面的木条可以排掉废水，下面的槽可以盛接溢出的茶汤或废水。

茶漏
向壶中投入茶叶时，放在壶口，防止茶叶外漏。

双杯托
用来将品茗杯和闻香杯端给客人。

茶巾
泡茶过程中用折叠的茶巾擦拭茶具。

功夫茶茶艺

福建功夫茶茶艺以其复杂的步骤让主人和客人沉浸其中。用来均分茶汤的公道杯是冲泡功夫茶所使用的独特茶具。

1.主人将85℃的热水转圈缓慢地浇淋宜兴茶壶，用来温壶，然后将茶壶中的水倒入公道杯中。

2. 将公道杯中的水来回倒入闻香杯和品茗杯中，用来温杯，然后用茶夹将杯中的水倒出。

3.用茶则量取茶叶，经木质茶漏放入壶中。轻摇茶壶以唤醒茶叶。

4. 以一定高度将热水注满茶壶，然后用壶盖刮去浮沫（见插图）。

5. 迅速将水倒入公道杯中，然后再倒入闻香杯和品茗杯中，使茶具保持温热。然后将水淋到茶玩上（见插图）以求好运。第一泡主要用于润茶和温杯，最后倒掉。

6.茶叶开始舒展。润茶后，将热水注入茶壶直至水满。像上次一样盖上壶盖，用热水淋壶，以起到洗涤和温壶的作用。茶叶静置至少10秒钟。

7. 然后用茶夹将润茶时倒入品茗杯和闻香杯的水倒出。

8.用茶巾将茶壶底部擦干，将茶汤经滤茶器倒入公道杯中。

9.然后将公道杯中的茶汤来回倒入闻香杯中，直至杯满但未溢出。

10.主人将品茗杯扣在闻香杯上，小心翻转，将茶汤倒入品茗杯中。

11. 保持闻香杯不动，将品茗杯放在杯托上，然后轻轻将闻香杯从品茗杯中提起。

12. 将品茗杯和闻香杯献与客人后，主人开始冲第二泡功夫茶，时间比第一泡长5秒钟。

客人的角色

在品尝品茗杯中的茶汤之前，客人先拿起闻香杯闻茶香。品饮时，客人要评价茶汤的味道。

印度

传统而言，印度以具有麦芽香的阿萨姆红茶和备受重视的大吉岭红茶闻名。现如今，印度开始尝试种植各种各样的茶树，比如尼尔吉里霜红茶和大吉岭绿茶。

印度生产的茶叶约占全球总产量的22%，目前印度种植的茶叶大多为国人所消费，其中20%出口至全球各地。20世纪最初几年，印度上层人士和中产阶级是主要的饮茶群体，绝大多数茶叶出口西方。直到20世纪50年代CTC制法（见21页）发明以来，印度国内的茶市才逐渐打来。

19世纪，为了满足英国的茶叶需求，茶树栽培在印度如火如荼地展开。

东印度公司从中国走私茶籽和茶苗，与当地的阿萨姆茶树杂交。大吉岭的凉爽气候为中国茶树的繁茂生长提供了适宜的环境。

虽然大吉岭红茶和阿萨姆红茶是印度之宝，但如今印度正努力推广其他一些不那么知名的茶叶，比如1月末或2月温度突然降至零度以上时采摘的尼尔吉里霜红茶。大吉岭地区的茶园还种植和制作不同种类的白茶和绿茶。

慕那尔的种植园

喀拉拉邦的慕那尔是一处不大的山中避暑之地，这里及附近拥有50多个茶树种植园，占地3000公顷。

印度茶叶小贴士

茶叶产量占全球产量的
22.3%

主要种类：
红茶、绿茶、白茶

采摘时间：
北方：5月至10月
南方：全年

与众不同之处：
大英帝国时期第一个栽培茶树的地区

海拔：低海拔至高海拔

印度是世界第二的产茶大国。

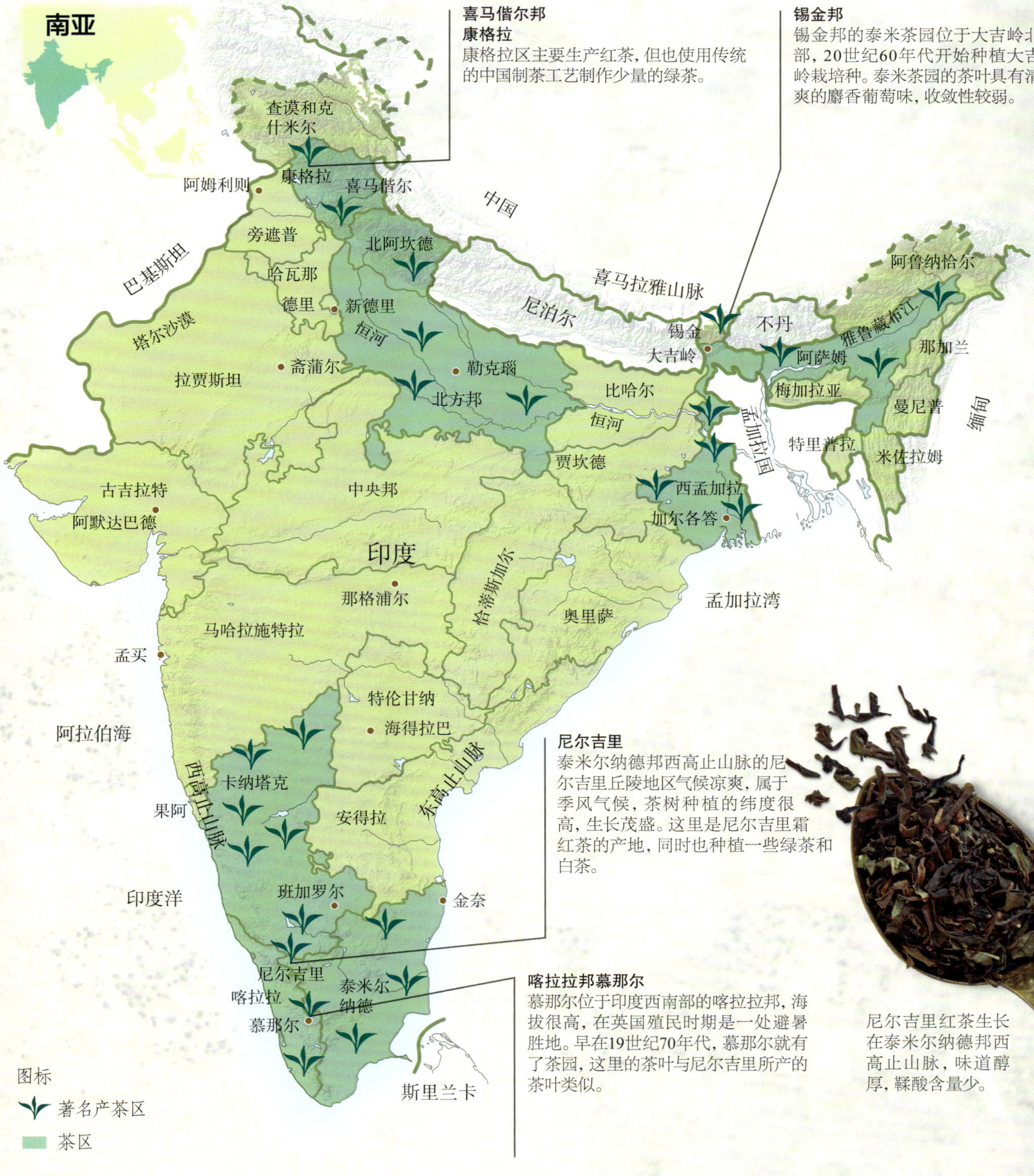

喜马偕尔邦
康格拉
康格拉区主要生产红茶，但也使用传统的中国制茶工艺制作少量的绿茶。

锡金邦
锡金邦的泰米茶园位于大吉岭北部，20世纪60年代开始种植大吉岭栽培种。泰米茶园的茶叶具有清爽的麝香葡萄味，收敛性较弱。

尼尔吉里
泰米尔纳德邦西高止山脉的尼尔吉里丘陵地区气候凉爽，属于季风气候，茶树种植的纬度很高，生长茂盛。这里是尼尔吉里霜红茶的产地，同时也种植一些绿茶和白茶。

喀拉拉邦慕那尔
慕那尔位于印度西南部的喀拉拉邦，海拔很高，在英国殖民时期是一处避暑胜地。早在19世纪70年代，慕那尔就有了茶园，这里的茶叶与尼尔吉里所产的茶叶类似。

尼尔吉里红茶生长在泰米尔纳德邦西高止山脉，味道醇厚，鞣酸含量少。

阿萨姆

印度阿萨姆地区土壤肥沃，属于季风气候，雨量充沛，是全球最高产的茶区。阿萨姆红茶味道浓烈，约占印度总产茶量的50%。

阿萨姆邦位于印度的东北角，地处雅鲁藏布江谷地低洼的冲积平原，是主要的茶树栽培地区，出产的茶叶大多用CTC制法（见21页）制成茶包。

在季风季节（5~10月），洪水会带来丰富的土壤，茶叶一般在4~11月最炎热、最潮湿的季节采摘。每年的这个时候温度可以达到38℃，相当于温室中的环境。阿萨姆初摘茶在4月份采摘，而次摘茶在5~6月采摘，常常用于拼配东弗里斯兰茶和英国下午茶。有些种茶人开始转而采用传统的制作方法（见21页）生产特等整叶茶用于出口，这种茶的价格要高于商品茶。传统的阿萨姆红茶是地理标志保护产品，所有标为“阿萨姆”的茶叶均来自这一产区。

阿萨姆地区的时间与印度其他地区不同，这里使用的是“茶园时间”，比印度标准时间早一个小时，这样人们可以充分利用清晨的日出时光。

雅鲁藏布江谷地
雅鲁藏布江谷地横贯阿萨姆邦，这条河谷被分为四个主要的茶区：西阿萨姆、北岸、中阿萨姆和东阿萨姆。

阿萨姆茶叶小贴士

茶叶产量占全球产量的

13%

采摘时间：

4月至11月

主要种类：

CTC红茶、传统红茶、绿茶

与众不同之处：

全球最高产的茶区

海拔：

低海拔

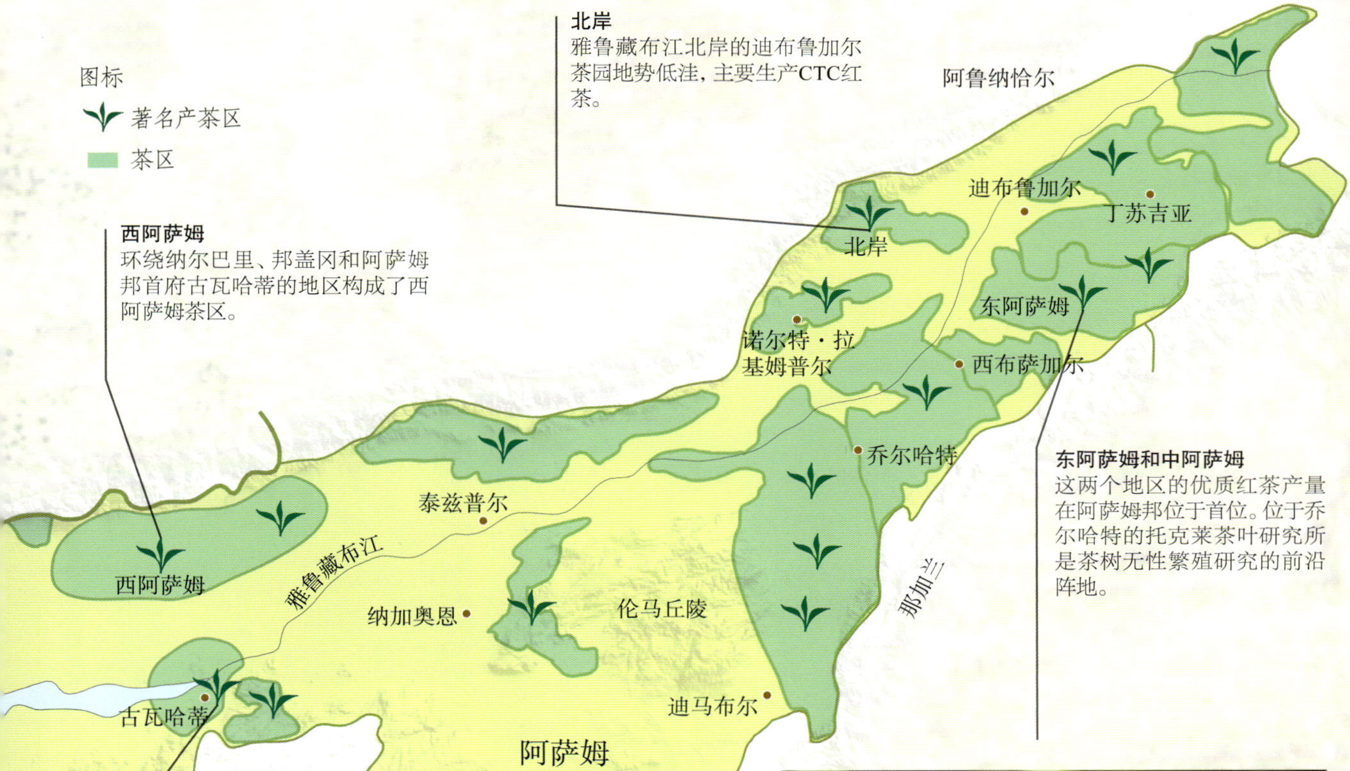
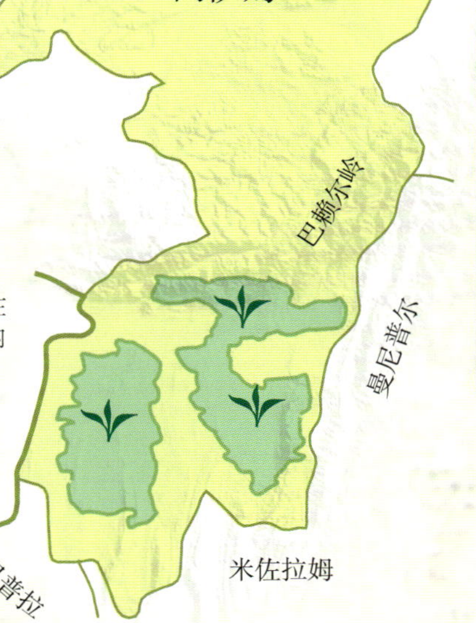

北岸
雅鲁藏布江北岸的迪布鲁加尔茶园地势低洼，主要生产CTC红茶。

西阿萨姆
环绕纳尔巴里、邦盖冈和阿萨姆邦首府古瓦哈蒂的地区构成了西阿萨姆茶区。

东阿萨姆和中阿萨姆
这两个地区的优质红茶产量在阿萨姆邦位于首位。位于乔尔哈特的托克莱茶叶研究所是茶树无性繁殖研究的前沿阵地。

古瓦哈蒂
阿萨姆生产的CTC红茶大多在古瓦哈蒂拍卖，买家基本为国内商家。

野生茶树
*1823*年，在东阿萨姆地区的丘陵地带首次发现了阿萨姆茶树（大叶种茶），后来被划分为茶树种，叶片比小叶种茶要大。

此图为阿萨姆次摘茶，一般认为次摘茶味道最好，因为炎热和湿润的生长环境赋予了茶叶圆熟醇厚的味道以及淡淡的麦芽香。

大吉岭

印度大吉岭区的面积仅为181平方公里，但却拥有世界最著名的茶叶之一。这里气候凉爽，海拔很高，茶叶芳香四溢，备受赞誉。

大吉岭位于印度北部的西孟加拉邦，濒临喜马拉雅山麓，是一处历史悠久的茶区，其中有87个茶园可以追溯到19世纪初。大吉岭茶叶仅占印度总产茶量的1.13%，但因为质量极高，属于地理标志保护产品。不过，地理标志产品保护规定很难执行，有些种茶人出售冒牌的大吉岭茶，其中掺杂了大吉岭茶区以外的其他喜马拉雅茶叶。印度茶叶局为大吉岭茶叶设计了一个商标，帮助卖茶人鉴别真假。

大吉岭区种有小叶种茶，还有一些与大叶种茶杂交的品种。这里海拔1000~2100米，高海拔影响了成品茶的口感。茶树叶因为一直笼罩在凉爽的雾气中，因此生长得十分缓慢。在生长季节，茶树在温暖的白天和凉爽的夜晚茁壮成长。这种条件有助于茶叶中浓烈口味的聚集。

采茶
在大吉岭全年的三个采茶季，采茶女都会手工采摘茶叶，初摘茶开始于3月中旬。

大吉岭茶叶小贴士

茶叶产量占全球产量的 0.36%

主要种类：
红茶、乌龙茶、绿茶、白茶

与众不同之处：
地理标志和大吉岭商标

采摘时间：

初摘茶	3月至4月
次摘茶	5月至6月
秋摘茶	10月至11月

海拔：
高海拔

大吉岭次摘茶
口感独特，拥有麝香葡萄的味道。

西大吉岭谷地
西大吉岭谷地拥有西孟加拉邦最古老的茶园，这里海拔2100米。建于1854年的欢乐谷茶园坐落在城镇的北边，是大吉岭最古老的茶园。

提斯塔谷地
提斯塔河从喜马拉雅山流至提斯塔谷地，此处生物种类繁多，著名茶园包括萨玛邦茶园、提斯塔谷地茶园、格伦伯恩茶园。格伦伯恩有一处度假村，有很多传统平房建在茶园附近。

东大吉岭谷地
东大吉岭谷地亦称黄金谷。这里的茶园得益于从喜马拉雅山吹来的冷风。这一地区的很多茶树都是纯种的小叶种茶。

米里克谷地
米里克谷地与尼泊尔接壤，从米里克茶园的坡地上可以清晰地望见喜马拉雅山脉。米里克拥有很多著名的茶园，比如瑟波茶园和希约克茶园。

西里古里
西里古里处于大吉岭区的边陲之地，是一处贸易中心，有很多茶叶公司和经纪人公司，还有一个重要的茶叶拍卖行。西里古里也是连接阿萨姆地区和周边国家的枢纽。

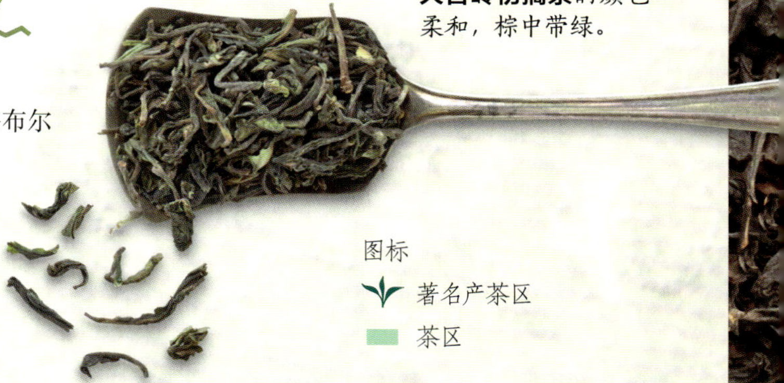

大吉岭初摘茶的颜色柔和，棕中带绿。

抽芽
大吉岭茶叶一年采摘三次，两次采摘季中间的时间为休眠期。茶树每次抽芽都有独特的口感。初摘茶最为浓烈，次摘茶味道圆熟复杂，而秋摘茶味道浓厚香甜。

图标
著名产茶区
茶区

印度茶文化

英国1835年开始在印度栽培茶树。自此以后，茶叶成为印度文化和经济不可分割的一部分。拉茶是印度人的挚爱，相关的茶俗和传统应运而生。

茶树栽培

18世纪，茶已经成为英国人所喜爱的饮品。为了满足英国日益增长的茶叶需求，打破中国的垄断，英国东印度公司将茶籽和技艺娴熟的中国茶农偷运至印度，并在印度北部地区建立茶园。直到19世纪中叶，大吉岭和阿萨姆地区新栽培的茶树才开始采摘，自此印度开始向英国及其属地供应茶叶。

英国的茶叶分级系统

为了将茶叶卖出个好价钱，英国人根据传统茶叶的外观为红茶制定了分级系统，其中无瑕疵的整叶茶等级高于碎茶。目前，印度、斯里兰卡和肯尼亚仍遵循这一系统。茶叶在加工过程中，会经常产生碎茶，尤其是烘干后茶叶会变得很脆。当茶叶经筛选和分级后，留下的只是碎茶和茶末，这是最低等级的茶叶。不过，如果茶末来自名优茶叶，则可以用来制作人气较高的红茶茶包。

英国的茶叶分级系统仅仅取决于茶叶的外观和大小，并不考虑茶汤的味道和香气。有的等级中提到了“花”这一特性，这表明茶叶由细嫩的叶芽组成；有的提到了“金”或“橙黄”，这表明茶叶含有黄金毫尖，或是代表茶汤的色泽。

整叶茶

特制花橙黄白毫（SFTGFOP）

精制花橙黄白毫（FTGFOP）

显毫花橙黄白毫（TGFOP）

金色花橙黄白毫（GFOP）

花橙黄白毫（FOP）

花白毫（FP）

橙黄白毫（OP）

碎叶茶

花碎金橙黄白毫（GFBOP）

碎金橙黄白毫（GBOP）

花碎橙黄白毫（FBOP）

碎橙黄白毫一级（BOP1）

碎橙黄白毫（BOP）

碎白毫小种（BPS）

20世纪最初几年，印度生产的茶叶几乎全为红茶。

印度拉茶

虽然印度从19世纪30年代开始栽培茶树，但直到19世纪下半叶来自英国的种植园主将茶叶介绍给普罗大众后，印度人才开始饮茶，同时会加入牛奶和糖。制作印度拉茶时一般使用鲜滑的水牛奶，这可以中和印度茶叶尤其是阿萨姆红茶的浓烈。虽然最好使用乳脂含量高的水牛奶，但其他类型的牛奶并无不可。

香料“马萨拉”是印度拉茶必不可少的重要原料。过去，加入马萨拉的热饮一直作为药用。马萨拉、牛奶、糖和茶叶可以做出浓郁辛辣的饮品，这一发现源自19世纪末，其实就是我们今天所说的印度拉茶（配方见182~183页）。

茶杯

印度的卖茶人没有什么参考借鉴，完全从零开始，他们用香料、低等红茶、牛奶和糖调配出了拉茶。倒茶时要离茶杯有一定的高度，所用的茶杯一般不大，用陶土简单烧制而成。因为采用的是可降解的陶土，用完后直接丢弃，所以这种茶杯很卫生，也很环保。

茶歇

印度大街上的茶摊很多，可以说明茶的风靡程度。我们总能看到在茶摊喝茶的人，其中既有白领也有蓝领。

香料茶

印度拉茶的香气强烈而刺激，这主要源自其中的各种香料，如丁香、肉桂、小豆蔻和姜。

斯里兰卡

斯里兰卡曾是英国的殖民地，当时名为锡兰。这个充满生机的小岛以多种优质茶叶而闻名遐迩。这里的茶树种植和茶叶制作采用的都是传统方法。

斯里兰卡本是一个主要种植咖啡的国家，因为1869年一场毁灭性的枯萎病袭击了大多数的咖啡种植园，才转而种植茶叶。虽然1972年该国已经改名为“斯里兰卡”，但如今其出口的红茶仍称为“锡兰红茶”。

茶树大多种在斯里兰卡的中部高地，按生长的海拔高度不同分为三类，即高地茶、中段茶和低地茶。每年的西南季风和东北季风会对茶区产生不同的影响，从而形成不同的微气候，赋予了每个茶区的茶叶鲜明的特性。

虽然斯里兰卡内战期间，茶叶行业受到重创，但近些年已经复苏。目前，汤色明亮、浓烈醇香的锡兰红茶以及锡兰白茶“银毫”在全世界均享有盛誉。斯里兰卡共有100万人从事茶叶工作，茶叶仍采用手工采摘。

斯里兰卡茶园
种在坡地上的落叶树每天可以为茶树提供几个小时的阴凉。

斯里兰卡茶叶小贴士

茶叶产量占全球产量的

7.4%

主要种类：
红茶、白茶

与众不同之处：
茶园以及英伦风情的茶叶

采摘时间：
12月~次年4月
有些产区全年均可采摘

海拔：
高、中、低海拔

拉特纳普勒的红茶具有独特的甜香味。

南亚

汀布拉
汀布拉位于中央山脉西侧的高地，茶树种植在海拔1000~1700米的山区，属于高地茶。该产区的茶叶口感浓郁圆熟。

乌沃
乌沃位于中央山脉东侧的高地，是斯里兰卡的第一批茶园。这里海拔1000~1700米，茶叶深受季风影响。季风来临时，嫩芽闭合，茶树必须保存水分，所以所产茶叶更为鲜甜，价格也更高昂。

康堤
康堤的第一个茶园建于1867年，这里海拔750~1200米，茶叶属于中段茶。康堤出产的茶叶味道浓烈，常常用于拼配茶，比如伯爵茶和英式早餐茶。

努沃勒埃利耶
努沃勒埃利耶位于中央高地，海拔2000米，这里的茶叶属于高地茶。因为海拔很高，芽叶生长缓慢，味道甘甜，具有水果香气。该地出产传统红茶以及银针白茶。

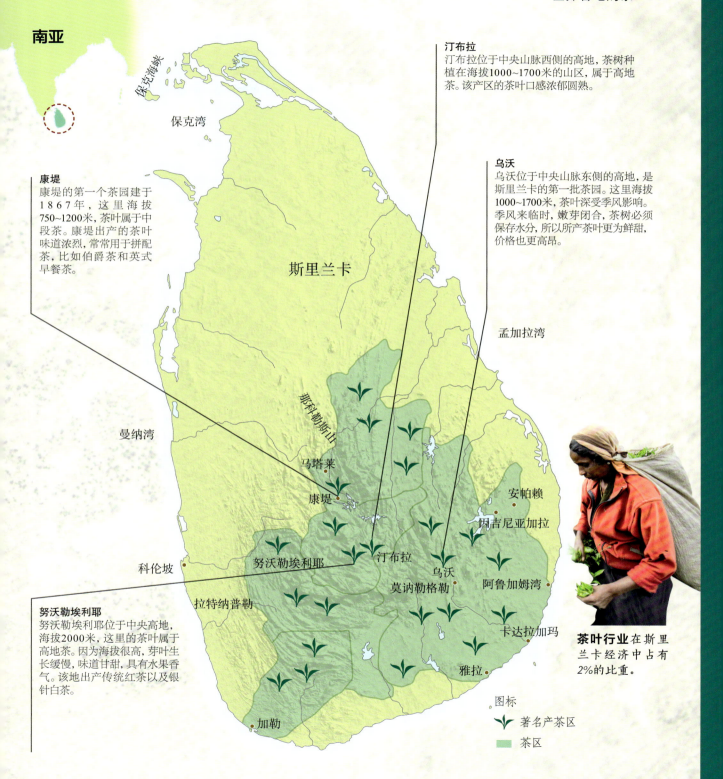

茶叶行业在斯里兰卡经济中占有2%的比重。

世界各地的茶俗

每个国家甚至每个地区都有自己独特的饮茶配方和饮茶传统，这是由多种元素决定的，比如地理位置、原料来源以及饮食习惯。以下三个地区因其独特的饮茶习俗而闻名。

德国东弗里斯兰

东弗里斯兰位于德国的北海岸，濒临北海。因为地理位置相对隔绝，东弗里斯兰滋养了独特的茶文化。

17世纪茶叶引入欧洲，该地区就吹起了饮茶之风。19世纪初，东弗里斯兰人已开始制作自己独特的拼配茶，其工艺至今未曾改变。目前，东弗里斯兰每人每年饮茶300升，居世界前列。

东弗里斯兰当地拥有四大茶叶公司——爱德莉（Bünting）、翁诺·贝伦茨（Onno Behrends）、蒂勒（Thiele）和乌韦·罗尔夫（Uwe Rolf），它们从欧洲最大的茶叶进口中心汉堡购茶。这些公司严守自己的配方，不过人们都知道其浓烈的拼配茶大多由阿萨姆次摘茶构成，再加上少量的锡兰红茶和大吉岭红茶。

东弗里斯兰使用瓷质茶壶泡茶，加入的茶叶量比较大，泡出的茶味道浓烈。上茶时，在一个小瓷杯中放入一块块的冰糖，然后将茶汤倒在冰糖上，并加入高脂奶油。不要搅拌，冰糖会慢慢融化，甜味逐渐释放；同时奶油会形成“茶云”，与茶汤渐渐融合。东弗里斯兰茶味道浓郁，有麦芽香。冬天的时候，会加入朗姆酒。

茶杯

东弗里斯兰一般使用华丽的小瓷杯上茶。

蒙古

13世纪蒙古帝国入侵中国，当时蒙古人都喝他们称之为“苏台茄”的一种奶茶。这种奶茶由红砖茶、水、奶和盐煮成，有时还会加入炒米。蒙古人入主中原后，仍然沿袭原来的奶茶传统，对中国的茶文化持排斥态度。

蒙古人的饮食主要包括奶制品、肉类和谷类，而茶可以补充维生素。因为当时水很稀缺，所以蒙古人认为水是神圣的，不会直接饮水，而是用水做成奶茶。所用的奶产自奶牛、牦牛、山羊、母马、绵羊或骆驼。蒙古人将奶、水、茶和盐放在一起煮，然后用长柄勺从锅里舀到茶碗中饮用。

蒙古奶茶如今仍是蒙古社会必不可少的一部分。蒙古人不仅白天经常饮用奶茶，在达成交易、欢迎客人或家庭聚会等不同场合也会饮用奶茶。如果拒绝主人端上来的奶茶，会被认为是粗鲁的表现。

中国西藏

中国西藏与茶的渊源可以追溯到13世纪，当时汉族人用茶叶交换西藏的马匹，所走之路就是著名的茶马古道。这条由商队踏出的危险山路连通了中国西南省份四川和西藏。虽然西藏没有种植茶叶的合适土地，佩马古尔（Pemagul）地区的农民还是会种植少量的茶树，用来制作红砖茶。该地区的茶叶鲜有人知，很少流传至西藏以外的地区。目前，当地人仍用这种茶来制作独特的酥油茶。

酥油茶的制法是：先将大量砖茶捣碎，加水烹煮半天的时间，制成浓烈的茶汁；然后将茶汁、牦牛奶、黄油和盐倒入“董莫”中，即一个长长的木质搅拌桶；不断搅拌，打成颜色浅淡的乳状。酥油茶做好后倒入茶壶中，传统的茶壶由金属制成，现在一般使用陶瓷茶壶，然后再倒入木质或陶制的大茶杯中饮用。饮茶人一般要悠闲地啜饮酥油茶，每呷一口，主人再给填满。游客可能会爱上酥油茶，不过西藏人喝酥油茶的目的主要是获取额外的热量，以便在这个气候恶劣、海拔很高的地区生存下来。据说，西藏的牧民一天能喝40杯酥油茶。

东弗里斯兰人一般入席后会浅酌三杯茶。

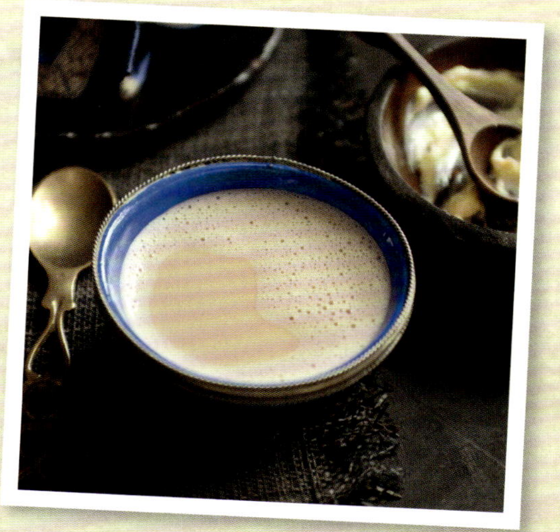

酥油茶
尼泊尔、不丹和印度喜马拉雅地区也会饮用西藏的酥油茶。

日本

日本的茶史可以追溯到12世纪，尤以绿茶著称。因为国内需求很大，日本仅有大约3%的茶叶用于出口。

大约公元805年，到访中国的日本僧侣将茶叶带回日本。不过，直到12世纪茶树才在京都府的宇治市呈现出一片繁茂之势。如今，茶树主要种植在本州和九州这两个岛屿，海滨的空气使茶叶拥有了海洋和海藻的味道。日本将近75%的茶树为薮北茶。1954年，静冈县成功培植了薮北茶种。薮北茶香气浓郁，味道鲜爽。

因为这种茶树的叶片浓密，可以抵挡日本的凉爽天气，并且适于岛国的土壤。

因为人工成功高昂，日本的茶叶采用机械化的采摘和制作。在日本的茶园，经常会看到高高耸立的电风扇，这主要用于调节温度。春寒料峭之时，电风扇会将暖风吹到刚刚苏醒的幼嫩茶树上，防止霜冻的发生。

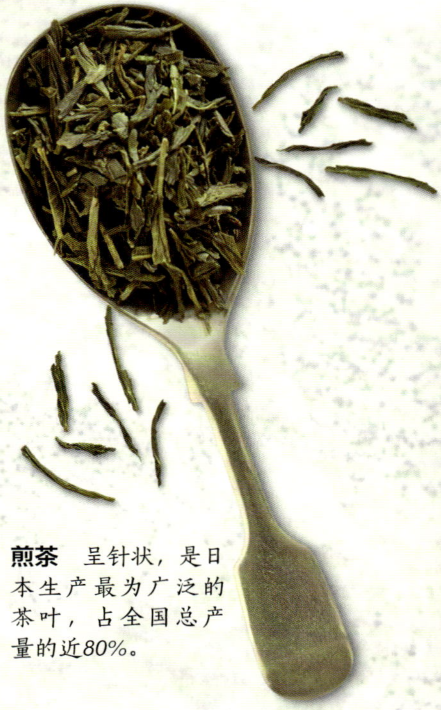

煎茶 呈针状，是日本生产最为广泛的茶叶，占全国总产量的近80%。

日本茶叶小贴士

茶叶产量占全球产量的

1.9%

主要种类：

绿茶

海拔：低海拔

与众不同之处：

玉露、煎茶、玄米茶、抹茶

采摘时间：4月~10月

诹访的茶屋

该茶屋建于日本江户时期（1603—1868年），1912年迁至日本皇宫，建筑为传统的日本风格。

玉露是煎茶中的名贵品种，遮阴时间较长。茶汤为浅绿色，因此称为玉露。

每一个采摘季节的第一批初摘茶被称为新茶。

京都府

京都是日本一处历史悠久的茶叶种植区，宇治市是玉露和抹茶（二者在采摘前均需遮阴两周的时间）的重要产区。本州岛中部、奈良和三重等其他地区出产煎茶、番茶和伊势茶。

静冈县

静冈县位于本州岛的太平洋沿岸，所产茶叶占日本总产量的一半，主要出产煎茶。静冈县天气凉爽，气候湿润，是中国小叶种茶的理想种植地。

鹿儿岛县

鹿儿岛县位于日本最南端的九州岛，共有15个茶区，以多种绿茶而闻名。这里出产玉露、煎茶、番茶和釜炒茶。九州岛的其他产茶区还包括佐贺、福冈和宫崎。

荒茶

日本以绿茶著称，其制作工艺也是独一无二的。茶叶采摘后，进行初步的处理（蒸青、揉捻、干燥），制成毛茶，即“荒茶”。茶商会购买荒茶，然后将其分类制成煎茶等成品茶。

日本茶道

“茶道”，也称“茶之汤”，是一种冥想仪式。通过一套茶道仪式，可能达到开悟的境界。

茶道是指通过特定的动作和特定的茶具沏出一杯简单、纯净的抹茶。日本有两种茶仪式——茶会和茶事。茶会是一种非正式的仪式，一般不到一个小时，主人点的茶为薄茶，配套的点心为和果子，它可以中和抹茶的苦味。茶事是一套非常正式的仪式，一般持续四个小时，主人点的茶为浓茶，搭配有怀石料理，一般为四道菜，十分精致。

茶道最初属于禅宗仪式，16世纪经茶道宗师千利休的改革而完善。千利休提出了“和、敬、清、寂”的茶道思想，目前千利休所创的茶道仍然在世界各地流传。

茶筅
茶筅由一段竹子精细切割而成，竹丝的端部呈卷曲状。

建水
涮洗茶碗后的废水倒入“建水”中，这一辅助器具在仪式中应该放在不显眼之处。

茶碗
形状各异的茶碗适用于不同的季节，浅碗用于夏天，深碗用于冬天。茶碗手工制成，有一种简单朴实的美感，即所谓的“侘”（*wabi*）。

茶巾
仪式中用白色的茶巾擦拭茶碗。

盖置
当铁瓶（即水壶）的盖子拿开时，可放在盖置上。盖置由竹子做成。

柄杓
用竹制的长勺从釜中舀取热水。

水指

该容器用于盛装干净的水，这些水会在铁瓶（水壶）中加热。水指的材质可以是木头或粗糙的陶瓷。

茶杓

茶杓通常用竹子做成，这种又长又薄的勺子用于从枣（茶罐）中取出抹茶，放入茶碗中。

釜

釜是一个铁壶，用于加热从水指中取出的水。

枣

枣用于盛装薄茶，可以用上漆或未上漆的木头制成。

和果子

日本将点心称为和果子，由米粉、糖和小豆做成。上茶前，先给客人奉上和果子。客人用怀纸（方形）和木竹签品尝和果子。

茶道仪式

日本茶道的每个步骤都慢条斯理且有所目的。茶室要时刻保持干净整洁，盖子要放在器皿上，茶巾要折好。下面介绍这一备受尊崇的仪式中的一些简单步骤。

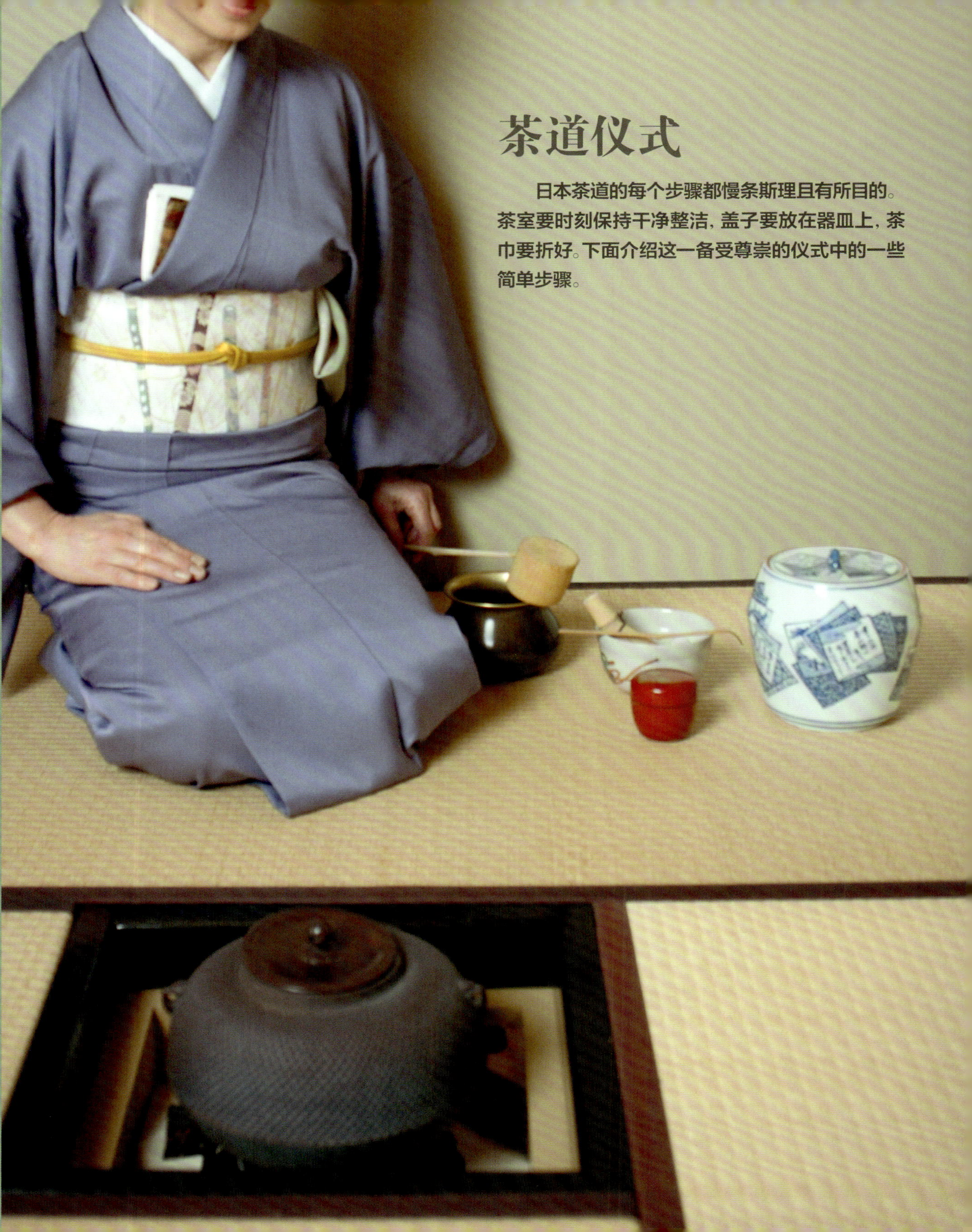

1. 茶道开始的一步是折帛纱。帛纱是一块方形的丝绸，用来擦拭茶道中所使用的茶具。首先，双手夹住帛纱的对角，帛纱呈三角形，将长边向外折三分之一。

2. 再向内折三分之一，然后将长边对折，再对折。

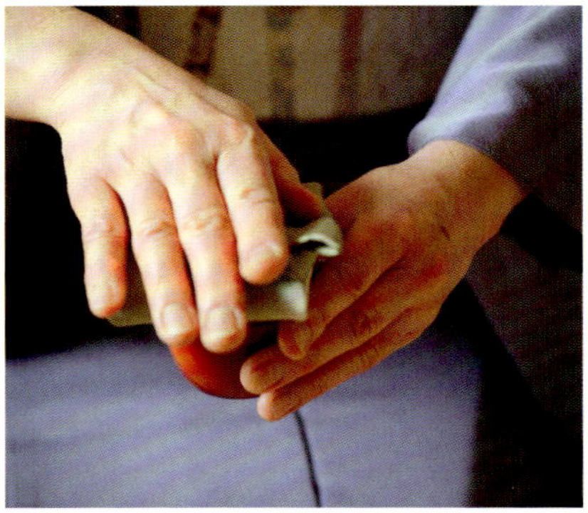

3.之后，再次对折，使两边重合，或者不对折直接擦拭需要洁净的茶具。在仪式中，主人会在客人面前清洁所有茶具。

4. 用柄杓从釜中舀取热水，倒入茶碗中。

5.主人检查茶筅，确定没有损坏的竹丝或磨损的地方，然后放入茶碗中，慢慢旋转。搅拌很短的时间后，将茶筅拿出。这一过程可以使茶筅变得柔软、湿润、暖和。

6.旋转茶碗，然后将碗中的温水倒入建水中。用茶巾擦拭茶碗。

7. 用茶勺盛取两勺抹茶放入茶碗中。

8.再次用柄杓从釜中舀取热水，倒入茶碗中，这次用来点茶。不使用柄杓时，将其放在釜中。

9.开始时用茶筅慢慢搅拌，然后迅速按照W方向搅拌，直到茶汤表面出现泡沫。

10. 主人将茶碗放于手掌，按顺时针方向转动两次茶碗，将茶碗最华丽的部分面对客人。

11.主人给客人敬茶，此时仍保持下跪姿态，然后鞠躬。

客人的角色

客人向主人鞠躬还礼，然后将茶碗顺时针转动两次，此时茶碗最漂亮的一面朝向主人。

客人啜饮三口，最后一口可以发出声音，以此告诉主人很喜欢茶的味道。

客人将空茶碗还给主人。

俄罗斯茶文化

17世纪，茶叶从中国传入俄国，从此俄国人开始了饮茶传统，并用一种称为“沙玛瓦特”的茶炊烧水。如今，茶在俄罗斯十分风靡，并被奉为国饮。

1638年，蒙古将茶叶作为礼物送给俄国沙皇米哈伊尔一世，这是茶叶首次进入俄国。几十年后，俄国人品尝到了中国的茶叶。1679年，俄国与中国签订协议，定期从中国进口茶叶，同时向中国供应皮草。

到19世纪70年代，俄国开始从中国进口散装红茶和红砖茶，茶与俄国人的生活结下了不解之缘。谈婚论嫁、达成协议、解决争端都离不开茶的身影。

俄国人用茶炊烧水。茶壶中按照5茶匙散装红茶1杯水的比例煮着浓度很高的茶汤，并置于茶炊上保温。

家中的女主人将浓茶汤倒在茶杯中，加入茶炊中的热水，根据客人的口味稀释茶汤的浓烈。茶汤中有时会加入柠檬，并加入果酱、蜂蜜或糖块使茶汤变甜，还常常搭配着点心。例如，有一种叫作“瑟尔尼基”（syrniki）的奶油煎饼，可以与果酱同时食用，还有一种叫作“俄罗斯茶点”的小饼干，是用磨碎的干果、黄油和面粉做成的，外面滚一层糖霜。传统而言，饮茶的玻璃杯一般放在金属杯套中，这样饮茶时不会烫到手指。

在现今的俄罗斯，大多数社交场合还是会看到茶的身影，并且散茶比茶包更为流行。虽然现在古老的茶炊在日常生活中已很少使用，但它仍然是俄罗斯社会的一个象征，可以让人联想到温暖、舒适和归属感。

茶炊
茶炊的设计最初以实用为主，但已成为极具装饰性的艺术品。

虽然俄罗斯人在家基本上不再使用金属杯套，但火车上茶时还会使用。

中国台湾

中国台湾岛的茶史虽然不长，但备受瞩目，最著名的是优质熟香型乌龙茶，比如铁观音和阿里山茶，这也是台湾地区主要出产的茶叶。

1683年清政府统一台湾，将台湾划为福建省的一部分。福建武夷山的人来此定居时，同时也带来了种茶技术，他们在台湾富饶的山区种下茶籽。当时，因为台湾没有生产茶叶的设备，茶叶需运至福建进行加工。

1868年，英国商人约翰·多德在台北开设了一家加工茶叶的工厂，使得茶叶的生产和出口更为容易，台湾的茶叶也因此扬名中外。

虽然台湾最出名的是高山乌龙茶，不过这里也出产其他种类的乌龙茶。这些茶叶远销全球，在台湾本土也广受喜爱。

台湾乌龙茶的味道随季节而变换。春季采摘的高山乌龙茶具有明显的花果香，而冬季采摘的乌龙茶具有浓郁的香气。半发酵乌龙茶的制作工艺耗时很长，基本要多于两天，最多共有十道工序。

采茶
台湾地区的优质茶叶主要以细芽和嫩叶为主，手工采摘是最好的方法。

中国台湾茶叶小贴士

茶叶产量占全球产量的

0.6%

与众不同之处：
高山乌龙茶

主要种类：
乌龙茶、红茶、绿茶

采摘时间：
4月至12月，一年5次

海拔：中海拔至高海拔

台湾人十分爱茶，购买了该地区80%的茶叶。

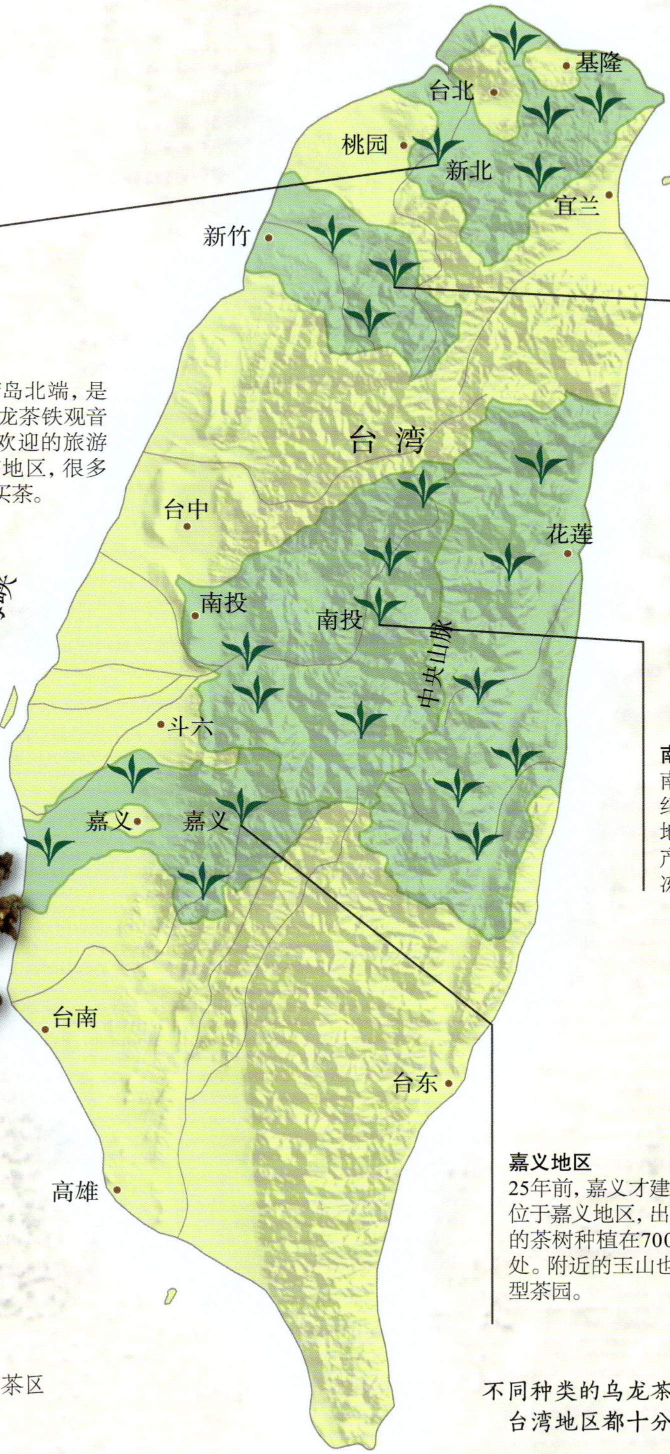

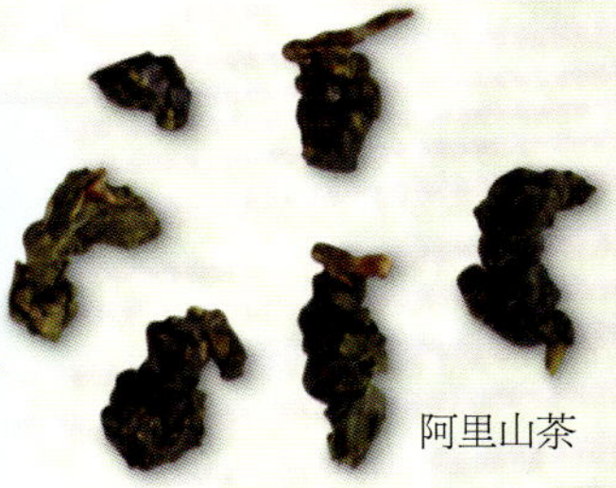

阿里山茶

台北地区
台北地区位于台湾岛北端，是香气馥郁的优质乌龙茶铁观音的主要产地。备受欢迎的旅游景点坪林也位于该地区，很多台北人都蜂拥到此买茶。

新竹地区
新竹地区位于台湾岛北部，以东方美人茶著称。东方美人茶，亦称白毫乌龙茶，与小绿叶蝉形成共生关系。这种昆虫会吸食茶树叶，从而促进一种酶的分泌。这种酶可以起到保护茶树叶的作用，做出的茶叶具有一种独特的花香。

南投地区
南投地区位于台湾岛中部，19世纪初台湾的第一批茶叶便种于此地。南投所产茶叶占台湾地区总产量的一半还要多，蜚声内外的冻顶乌龙茶就产自这里。

阿里山茶属于轻发酵乌龙茶，生长在雾岚弥漫的台湾最高山阿里山。

嘉义地区
25年前，嘉义才建成茶区。阿里山位于嘉义地区，出产高山茶。这里的茶树种植在700~1700米的高处。附近的玉山也有很多小型茶园。

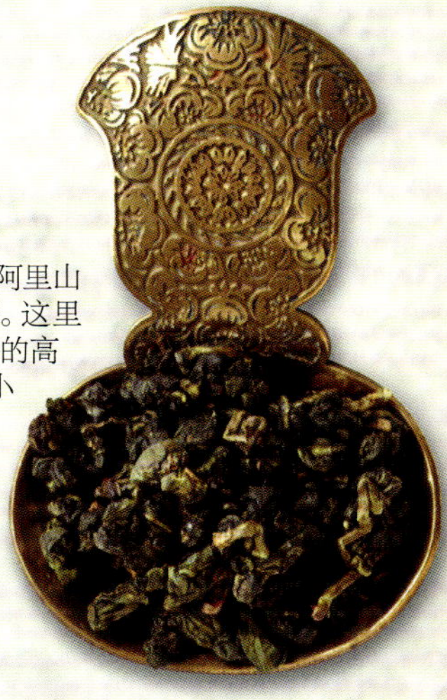

不同种类的乌龙茶在整个台湾地区都十分流行。

世界各地的茶杯

饮茶所用的杯子形状、大小和材质各异。受不同茶文化和潮流的影响，茶杯已成为品茶过程中重要的一部分。

日本茶碗

日本茶碗用黏土烧制而成，一般都会上釉，上面刻有各式各样的图案。在日本茶道（见98~103页）中，主人要保证茶碗最漂亮的一面朝向客人。

西藏茶碗

此图为盛装西藏酥油茶的茶碗。酥油茶中一般会加入谷物，而宽阔的碗口可以很容易将谷物捞出来。

俄式玻璃杯和杯套

在俄罗斯，一般用玻璃杯上茶，玻璃杯放在精致的金属杯套中。杯套不仅可以保护饮茶人的手，以免被烫，而且可以提高玻璃杯的稳定性。

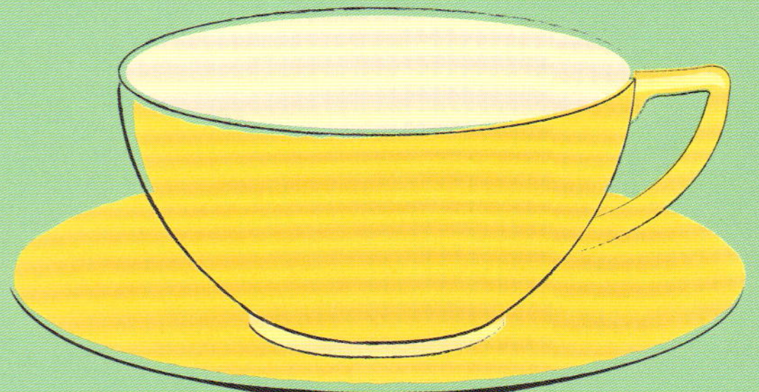

瓷杯和杯托

在西方人眼里，茶杯和杯托就是茶的象征。在16和17世纪，瓷杯和杯托从中国（*China*）运到西方，所以西方人称瓷器为“*china*”。直到18世纪初，英国和欧洲其他国家才开始生产瓷器，当时一位住在中国的外国神父将制作瓷器的方法寄回了法国。

土耳其茶杯和杯托

这种郁金香形状的玻璃杯杯口向外展开。饮茶时手持杯口，可以免得烫着。此外，这种玻璃杯还能观赏到琥珀色的茶汤。

印度茶杯

这种一次性的简易茶杯用黏土人工制成，在印度的茶摊随处可见。高档商店里还可以买到更为精致的集传统与现代为一身的茶杯。

中国茶杯

中国的茶杯尺寸较小，这样可以在品茗时小口啜饮。中国茶杯一般是瓷器质地，有时为彩瓷或是传统的青白瓷。

摩洛哥茶杯

这种装饰精美的玻璃杯有各种各样的颜色和图案，用来喝摩洛哥薄荷茶。

马克杯

马克杯在英国和美国十分流行，可以由各种材质做成，比如瓷器、铁矿石、陶器。马克杯的容量较大，免去了多次冲泡的麻烦。

韩国

韩国细嫩可口的茶叶几乎很少出口，但还是值得我们探寻一番。很多爱茶人到韩国参加每年一度庆祝新茶采摘的茶日。

公园前828年，茶籽从中国传入朝鲜，种在庆尚南道的智异山上，随后这里诞生了繁荣的茶文化。不过，16世纪日本侵略朝鲜，朝鲜因此失去了很多茶园。在此期间以及后来的政治动乱期间，僧侣和学者仍在小范围内种植茶树，使茶文化得以延续。直到20世纪60年代，韩国人对茶的热爱再次兴起，茶园也再次开放。

韩国的茶树基本全部种植在朝鲜半岛南部的高山地区，来自朝鲜海峡和东海的海风常年吹拂这里。

韩国种植的茶叶大多为绿茶，按照阴历时间进行采摘。四月初采摘的雨前茶是最早采摘的茶叶，味道清甜。细雀茶采摘于五月初，口感柔和但味道略浓。中雀茶采摘于5月末，产量最大，茶汤翠绿鲜亮，味道香甜。有些茶人还制作一种称为“发酵茶”的红茶，这种熟茶有种麦芽、核果和松树的味道。

宝城
宝城是韩国著名的茶文化旅游胜地，被誉为韩国的茶都。上图为宝城一排排翠绿的茶树。

韩国茶叶小贴士

茶叶产量占全球产量的 **0.1%**

海拔：
中海拔

采摘时间：
4月中旬~5月末

与众不同之处：
茶日

主要种类：
绿茶、抹茶、红熟茶

此图为韩国的干茶，装在竹篮中，等待分类和包装。

亚洲

庆尚南道
智异山的山坡上种植的茶树主产绿茶。茶叶采摘后，放在锅中高温杀青，以防止茶叶发酵。杀青后，茶叶变软，卷转成条，然后放在旋转式干燥机中烘干。庆尚南道的茶园每年生产大约600公吨茶叶。

全罗南道
与庆尚南道一样，全罗南道属于多山地区，其茶园吸引着各地的游客。宝城郡共有1000多个小型茶园，占地1063公顷。著名的大韩茶园吸引着广大韩国人。大韩茶园全年开放，在这里可以欣赏到连绵起伏的茶山。

济州岛
济州岛面积不大，共有84个茶园，共占地341公顷。济州岛生产的茶叶大多为韩国人饮用，不过大约有90公吨茶叶出口北美。

韩国绿茶需经炒青，目的是防止发酵。

韩国茶礼

简单而正式的韩国茶礼源于禅宗，旨在庆祝并品味生活中的简单事物。这一哲思可以从茶具的干净自然中窥得一二。

现代的韩国茶礼深受《韩国之茶道》（1973）的影响。该书由韩国茶道大师“晓堂”崔凡述写就，其中描述了泡茶的最佳方法，尤其是韩国茶礼中所使用的般若露绿茶。“般若露”的意思是启迪智慧的甘露，表达了泡茶过程中所能得到的精神益处。晓堂还建立了韩国茶道联合会，希望将冲泡本土茶叶的传统方法以及饮茶之道流传下去。

韩国茶礼与禅宗及其崇尚简朴的思想密不可分，韩国人将其视为日常生活中放缓节奏、放松身心的一种方式。

韩语中用“다례”表示“茶礼”。

简朴的陶瓷茶具增加了韩国茶礼的美感。茶具一般都很朴素，颜色柔和，重在功能。

韩语中用“다례”表示“茶礼”。

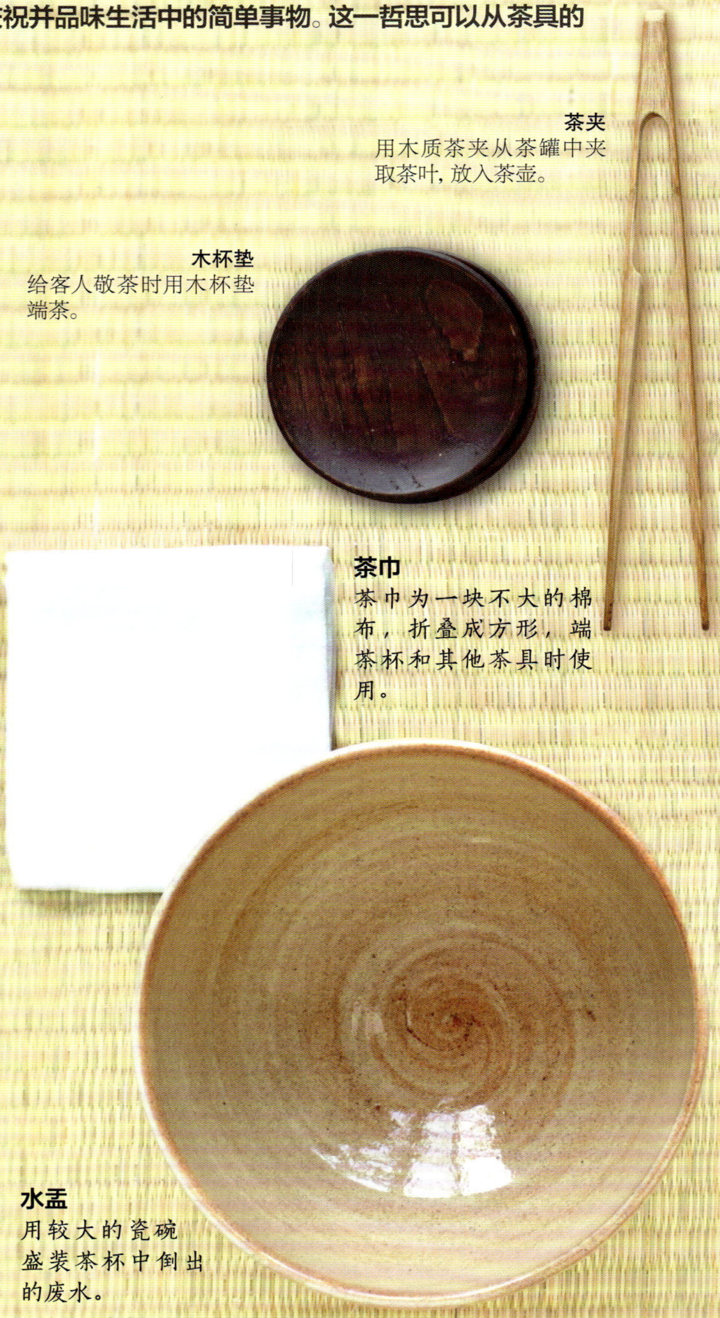

茶夹
用木质茶夹从茶罐中夹取茶叶，放入茶壶。

木杯垫
给客人敬茶时用木杯垫端茶。

茶巾
茶巾为一块不大的棉布，折叠成方形，端茶杯和其他茶具时使用。

水盂
用较大的瓷碗盛装茶杯中倒出的废水。

亚麻布
亚麻布铺在桌子上，上面放茶具。
盖置
往茶壶中倒水或放茶叶时，茶壶盖放在盖置上。
凉碗
该瓷碗中等大小，碗口突出的凹槽方便倒水。
茶壶
陶瓷质地的茶壶侧面一般有一个中空的手柄。
茶罐
带盖的陶瓷茶罐用于盛装茶叶。
瓷杯
夏天使用阔口浅底碗，有助于热水变凉；而冬天使用较高的茶杯，有助于保存热量。

茶礼仪式

韩国茶礼以简易著称，观赏主人一丝不苟、优雅至极的动作绝对是一场视觉盛宴。

1. **将水壶中的热水**倒入凉碗中。主人双手捧住凉碗，将茶巾垫在下方，以防水滴流下，然后将凉碗中的热水倒入茶壶中。

2. **将茶壶中的水**倒入茶杯中，先从客人的杯子开始，目的是在泡茶期间温杯。

3. **再从水壶中将热水倒入**凉碗中，然后打开茶壶的壶盖。

4. **打开茶罐（见插图）**，用茶夹夹四夹茶叶放入茶壶中。

5. **主人用双手捧起凉碗，将热水**倒入茶壶中。盖上茶壶盖（见插图），等待2~3分钟。

6. **将茶杯中的水**倒入水盂中。

7. **主人倒出**少量茶汤，品尝一下确保茶汤已适合客人饮用。

8. **主人将茶汤**倒入茶杯中，从离自己最远的茶杯开始，每杯注入1/2，最后到自己的茶杯。两杯之间间隔几秒钟。

9. **主人继续倒茶**，这次从自己的茶杯开始，将茶杯斟至2/3处，最后斟最远的茶杯。目的是保证茶汤的平均分配，以及冲泡时间相等。

10. **将客人的茶杯**放在木质杯垫上，准备给客人敬茶。

11. **将茶放在**客人面前的茶盘上。

客人的角色

客人手握茶杯中间，双手将茶杯捧起，然后端至口边，啜饮三口。第一口主要享受茶汤的颜色，第二口重在香气，第三口则重在味道。

土耳其

土耳其的气候十分适合种茶，并且国人也十分爱茶。土耳其人一般每天能喝10杯茶，以浓烈甘甜的传统红茶为主。

土耳其东北的里泽省坐落在黑海和本廷山脉之间，可谓风景如画。这里温度很高，全年降雨量比较平均，这种潮湿的亚热带气候十分适合种植茶树。另外，该地区夜晚天气凉爽，所以无须使用杀虫剂。

20世纪40年代引入茶树之前，里泽省以乡村为主，经济比较落后。后来，茶叶生产沿北海沿岸传播开来。目前，土耳其的茶叶产量与斯里兰卡相当，促进了当地的经济发展。土耳其仅有5%的茶叶用于出口，政府对进口茶叶征收145%的关税，确保了国内茶叶的销售。

除意大利以外，土耳其是种植佛手柑为数不多的国家之一。佛手柑是伯爵茶的重要原料。

土耳其茶叶小贴士

茶叶产量占全球产量的

4.6%

主要种类：

红茶

采摘时间：

5月~10月

与众不同之处：

内销占比高、不用杀虫剂

海拔：

中海拔

图标

著名产茶区

茶区

土耳其集市上有茶叶供应，以此吸引顾客并达成交易。

里泽省

在黑海沿岸的山坡上种植着大片茶树，这里的人用手剪采茶，而非手工采摘，并且用CTC制法（见21页）做茶。采茶从清晨开始到傍晚时分，所采的茶叶大部分卖给政府的工厂。

品饮土耳其茶

土耳其人使用双层茶壶冲泡浓烈的红茶。下面的茶壶用于烧水，上面的茶壶用于保持浓茶汤的温度。茶汤倒入郁金香形的玻璃杯中，用下面的茶壶加水，以稀释茶汤的浓度。一般来说，茶汤不加牛奶，而是加入几块方糖。

土耳其红茶一般有两种：浓茶和淡茶。

越南

越南的季风气候为种植茶树创造了绝佳的自然条件。越南的茶叶产量很大，是全球第六大产茶国。

越南当地的野生茶树至少拥有1000年的历史，不过直到19世纪20年代，法国移民才在越南建立了茶树种植园。第二次世界大战后，越南陷入困境，茶叶的生产也受到重挫，后来逐渐复兴。有些地区的特色茶，比如河江茶、雪山茶和莲花茶，均生长在越南北部。越南茶叶协会不断在国际市场上推广这些茶叶，以帮助茶农增加收入。产茶人大多使用传统的（整叶）制茶工艺，有些使用CTC法（见21页）。

越南茶叶小贴士

茶叶产量占全球产量的 **4.8%**

主要种类：
绿茶、莲花茶、红茶

与众不同之处：
乡土树种

海拔：
中海拔

采摘时间：
3月~10月

尼泊尔

尼泊尔寒冷的高山天气以及起伏的地貌非常适合生产圆熟甘醇的茶叶。虽然大多数种植的茶叶均为红茶，尼泊尔也出产绿茶、白茶和乌龙茶。

尼泊尔的制茶历史并不长，只有大约85个茶树种植园和几个小茶园。大部分茶农只有小块的农田，他们将茶叶卖给中央工厂进行加工。

虽然大多数种植园都生产CTC红茶（见21页），有些小茶园会生产优质的传统茶叶。与低纬度的红茶不同，喜马拉雅山的红茶并没有完全发酵，原因是加工茶叶所处的纬度很高，茶叶在萎凋过程中就已干透。制成的茶叶颜色深暗，其中带有绿色斑点。虽然茶汤颜色略浅，但仍然具有红茶应有的浓醇味道。

丹库塔
丹库塔与伊拉姆和附近的大吉岭拥有同样的风土条件。

伊拉姆山谷
伊拉姆位于尼泊尔的东端，与大吉岭接壤，是尼泊尔最大的茶叶种植区。

尼泊尔红茶种植在尼泊尔东部的高山地区。

尼泊尔茶叶小贴士

茶叶产量占全球产量的 0.4%

主要种类：
红茶、绿茶、乌龙茶

与众不同之处：
乡土树种

采摘时间：
初摘茶：3月~4月
次摘茶：6月~9月季风时节
秋摘茶：10月

海拔：
高海拔

肯尼亚

1903年，茶叶引入肯尼亚，1924年开始商业化生产。此后，肯尼亚的茶叶行业以红茶闻名于世。因为人们对肯尼亚红茶的需求很高，所以这里成为全球第三大产茶国。

肯尼亚的茶树种植在裂谷省的高地上，这里海拔较高，最高可达2700米，火山喷发留下了肥沃的红土。因为地处赤道地区，肯尼亚的茶区雨量充沛，阳光充足。另外，高海拔地区温度较为凉爽。这都是种植茶树的最佳条件，一年四季均可采摘。

肯尼亚种植小叶种茶，传统茶叶占大约5%，其他均为CTC红茶（见21页）。肯尼亚的CTC红茶经常用于传统的早餐茶，做出的拼配茶口感圆熟浓郁。有些颗粒较大的CTC红茶直接当作散茶饮用，而非制成茶包。

茶树主要种在东非大裂谷两侧的高地上，即凯里乔、南迪、尼耶里和穆兰卡地区。这里的茶园一般不足0.40公顷。肯尼亚茶业发展局一直负责鼓励小型茶园的积极发展。

采摘
肯尼亚大约90%的茶叶手工采摘，并使用CTC方法制茶。

肯尼亚茶叶小贴士

茶叶产量占全球产量的 **7.9%**

主要种类：
红茶、绿茶、白茶

采摘时间：
1月~12月

海拔：
高海拔

与众不同之处：
高产量的大型产茶区

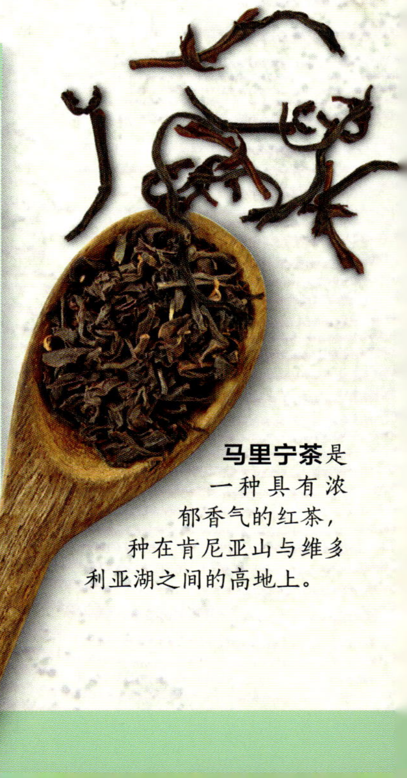

马里宁茶是一种具有浓郁香气的红茶，种在肯尼亚山与维多利亚湖之间的高地上。

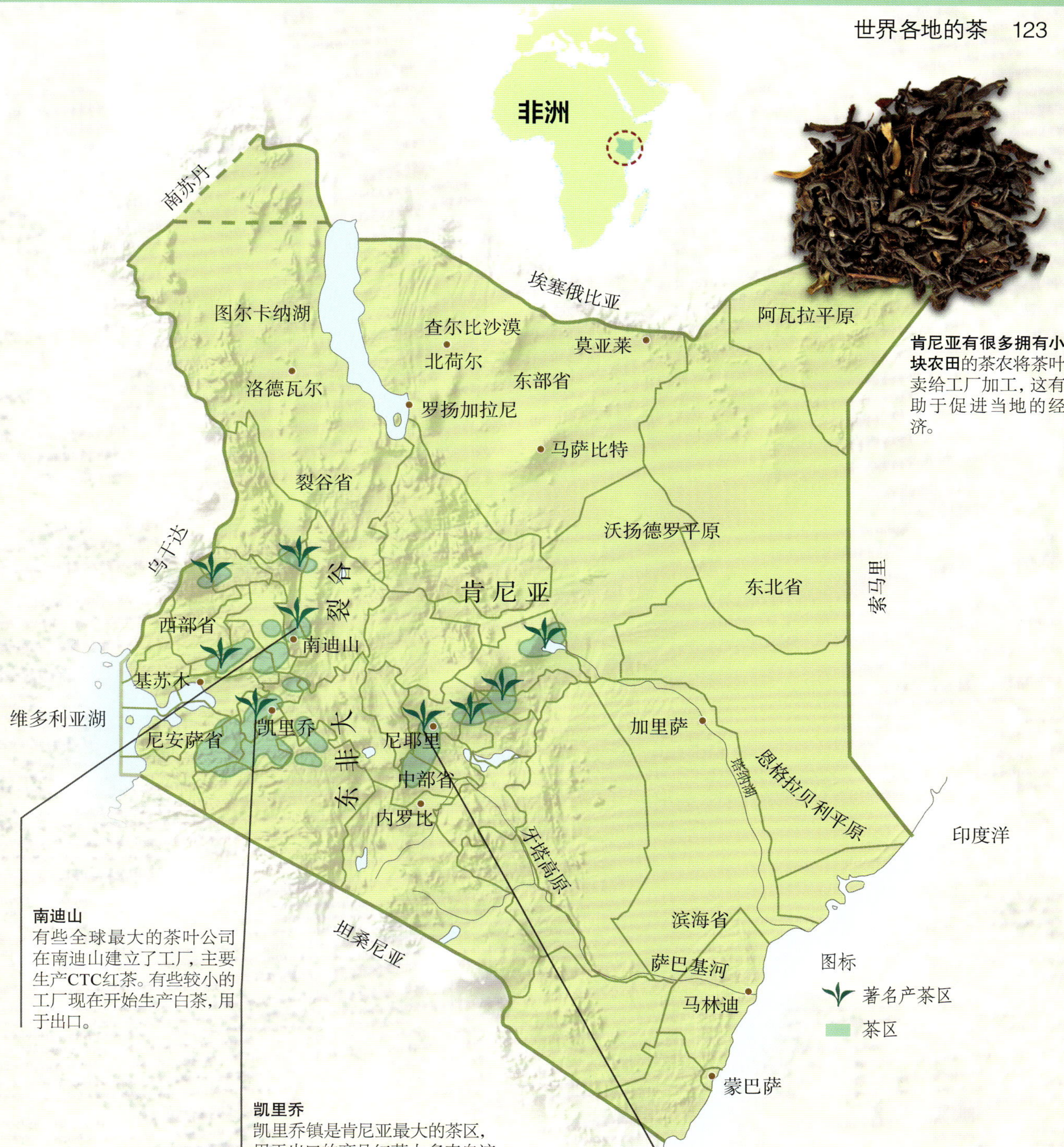

肯尼亚有很多拥有小块农田的茶农将茶叶卖给工厂加工，这有助于促进当地的经济。

南迪山
有些全球最大的茶叶公司在南迪山建立了工厂，主要生产CTC红茶。有些较小的工厂现在开始生产白茶，用于出口。

凯里乔
凯里乔镇是肯尼亚最大的茶区，用于出口的商品红茶大多来自该地区。凯里乔海拔较高，位于茂森林的边缘。茂森林汇集了流过东非大裂谷的河流，可以不间断为茶树提供水源。

尼耶里镇
尼耶里镇是肯尼亚温度最低的地区，再加上高海拔和充沛的降水，这些都是茶叶丰收的有利条件。

印度尼西亚

印度尼西亚属热带气候，火山灰土壤极其肥沃，十分适合栽培茶树。印度尼西亚每年平均生产142,400公吨茶叶，最著名的是色泽乌润、浓香醇厚的红茶。

1684年，荷兰人首次在印度尼西亚种植了小叶种茶，不过这一茶种并没有茂盛生长。19世纪初，他们发现大叶种茶更适合印度尼西亚的热带气候。19世纪末，印度尼西亚的第一批红茶运至欧洲。此后茶叶生产繁荣了数十年之久，但第二次世界大战日本占领期间日渐式微。这里的茶园年久失修，直到20世纪80年代末，政府发起了一项复兴计划，茶叶生产才得以恢复。目前，茶叶占印度尼西亚农产品产量的17%。虽然印度尼西亚也出产优质的乌龙茶和绿茶，但最有名的一直都是浓郁的红茶。

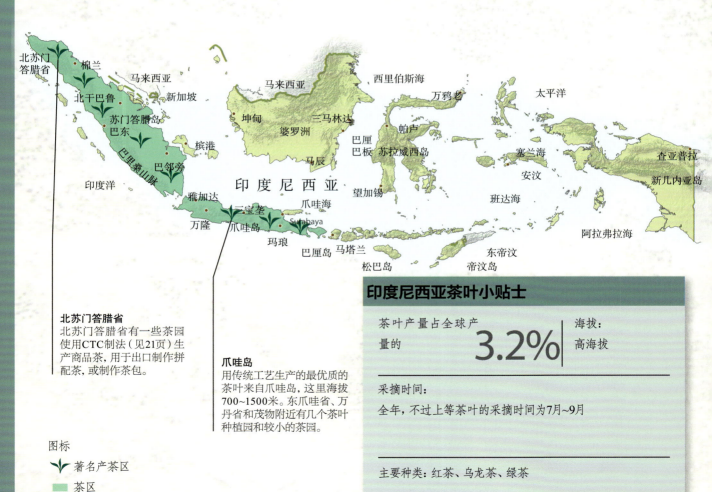

北苏门答腊省
北苏门答腊省有一些茶园使用CTC制法（见21页）生产商品茶，用于出口制作拼配茶，或制作茶包。

爪哇岛
用传统工艺生产的最优质的茶叶来自爪哇岛，这里海拔700~1500米。东爪哇省、万丹省和茂物附近有几个茶叶种植园和较小的茶园。

图标

著名产茶区

茶区

印度尼西亚茶叶小贴士

茶叶产量占全球产量的 3.2%

海拔：高海拔

采摘时间：

全年，不过上等茶叶的采摘时间为7月~9月

主要种类：红茶、乌龙茶、绿茶

泰国

虽然泰国的产茶区集中在北部地区的小片区域，但这里出产的优质乌龙茶、绿茶和红茶一直没有间断。

20世纪60年代，中国人将台湾的小叶种茶带到泰国，开始在泰国栽培茶树。从此以后，泰国不断引入适合凉爽山区的台湾栽培品种。目前，北部的清莱府、清迈府，尤其是美斯乐地区，均种有茶树。泰国制作乌龙茶的方法与台湾相似，外形卷曲，中度发酵。人们经常这样描述泰国的乌龙茶：有一种青草的香味，入口细腻，留有干果的味道。

美斯乐
美斯乐地区位于泰国和缅甸边境，这里海拔超过1200米，是产茶中心，种植着乌龙茶、绿茶和红茶。

泰国茶叶小贴士

茶叶产量占全球产量的 **1.7%**

主要种类：
乌龙茶、绿茶、红茶

与众不同之处：
清香的乌龙茶、与台湾联手进行茶叶的研发。

采摘时间：
3月~10月

海拔：
高海拔

摩洛哥茶文化

19世纪中国珠茶引入摩洛哥以后，摩洛哥便逐渐形成了一种饮茶文化，即品饮用绿茶、糖和薄荷冲泡的茶。在仅仅150年中，饮茶就在摩洛哥文化中生根发芽。

摩洛哥薄荷茶，亦称马格里布茶，在突尼斯、阿尔及利亚和摩洛哥组成的马格里布地区十分流行。摩洛哥薄荷茶以珠茶为主要原料，珠茶的进口始于19世纪60年代。这里的人们很快发现，加入薄荷和糖以后，冲泡出的茶汤香气扑鼻，令人神清气爽。

在北非地区，茶总是第一要事，主人会用茶来招待客人。在马格里布地区，食物一般由妇女准备，但泡茶、敬茶都是由身为一家之主的男人承担。如果拒绝饮茶，是不礼貌的行为。

主人先在装满沸水的传统摩洛哥不锈钢茶壶中润洗两汤匙珠茶，这样可以有助于去除可能会产生苦涩感的茶末。然后往茶壶中加入12块方糖和一把新鲜的薄荷叶，用800毫升沸水冲泡2~3分钟。把茶壶放在炉子上加热至沸腾，使方糖溶化。将几枝新鲜的薄荷叶放在宝石颜色的传统玻璃杯中。最后以60厘米的高度将茶汤倒入玻璃杯中，这样空气可以进入到茶汤中，产生泡沫。

根据传统，主人会连奉三杯薄荷茶，因为茶叶还在浸泡，所以每杯的味道都会不同。正如一句谚语所说，第一杯如生活般温柔，第二杯如爱情般浓郁，第三杯如死亡般苦涩。

甘甜的方糖和清凉的薄荷可以中和茶的浓烈。

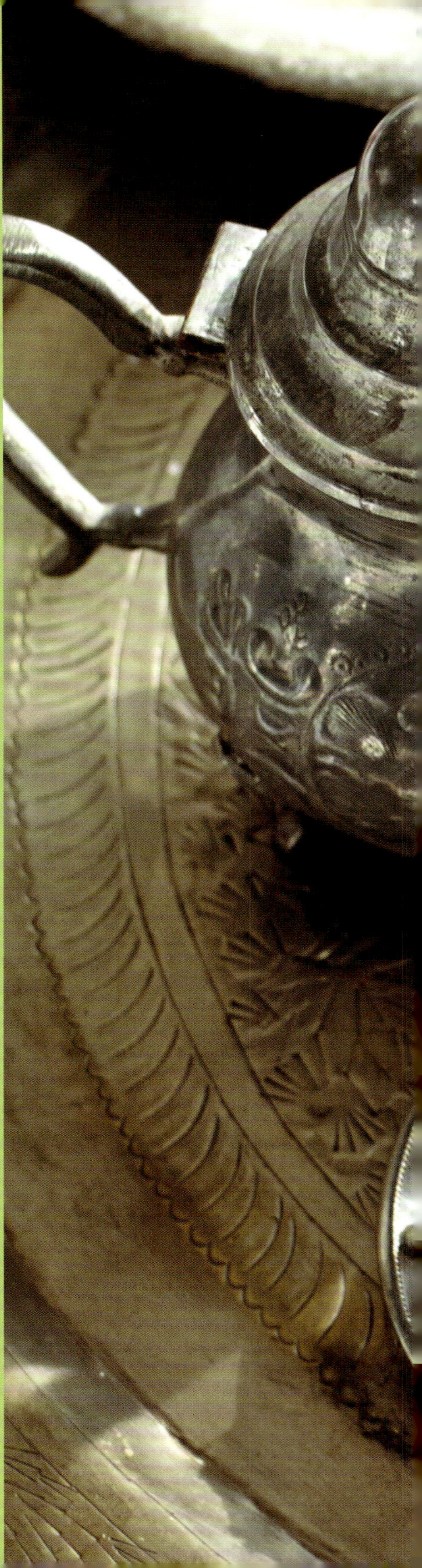

摩洛哥薄荷茶用一种能用炭火加热的金属茶壶泡制，并用传统的玻璃杯饮茶。这种玻璃杯在摩洛哥家庭中很常见。

美国

因为茶区的地理位置不同，气候差异较大，所以栽培茶树对美国来说是一项挑战。不过，鉴于向全国茶园注入的新资金，美国的茶叶生产正逐步提高。

19世纪80年代，美国政府开始尝试在佐治亚州和南卡罗来纳州种植茶树，但在最初几十年的时间里，这些茶园因为气候问题或高成本等原因而以失败告终。后来，有些茶园取得了一定成果。其中最著名的就是南卡罗来纳州的查尔斯顿茶园，该茶园颇具规模，并为白宫提供茶叶。美国的土壤情况和温度差异使其很难有稳定的收成，所以茶农开始试验各种栽培品种，看看哪种适合当地的气候。美国的茶叶种植园占地364公顷，大多位于沿海地区，因为凉爽的海风有益于茶树生长。南卡罗来纳州、亚拉巴马州、加利福尼亚州、俄勒冈州、华盛顿州和夏威夷州的茶园都已进行过采摘，并开始出售茶叶。在密西西比州一些较新的茶园，茶树长势喜人，几年内就可以采摘。

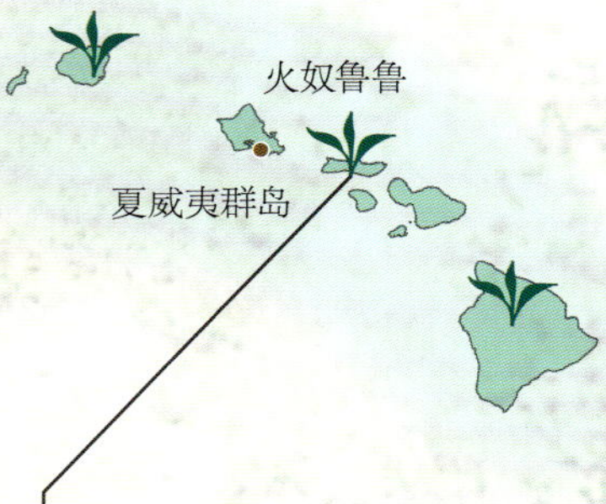

夏威夷

夏威夷群岛拥有50个小型茶园，占地20公顷，大多位于“大岛”上。这里火山灰土壤肥沃，雨量充沛，群山延绵起伏，十分适合生产白茶、绿茶、红茶和乌龙茶。夏威夷茶叶价格位列全球前列，夏威夷一处茶园曾以6500欧元/千克的价格将茶叶卖给著名的哈罗德百货公司。

美国茶叶小贴士

茶叶产量占全球产量的

0.009%

主要种类：

红茶、乌龙茶、绿茶

采摘时间：4月~10月

与众不同之处：

新建的茶园面从1~81公顷不等。

海拔：

低海拔至高海拔

凉爽的天气

上图为密西西比州的一处茶园。该茶园正尝试培育可以适应较低温度的茶树。这些扦插幼苗3~4年后可以采摘。

美国种植茶叶的面积达364公顷，分布在沿海的几个州。

华盛顿州和俄勒冈州
这两个州的茶园一般占地2公顷，主要生产手工茶，包括绿茶、白茶和乌龙茶。

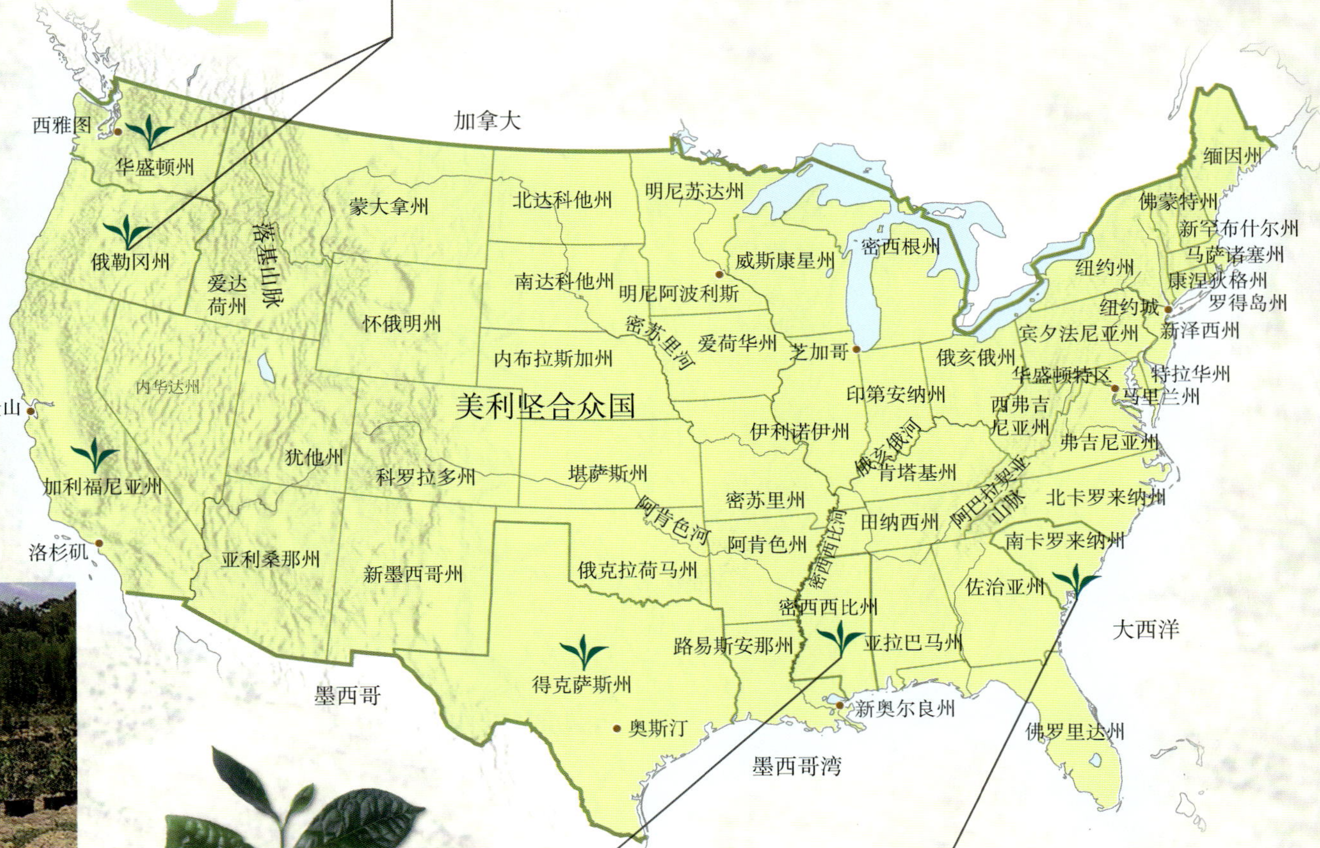

美国种植的茶树大多为小叶种茶和大叶种茶的自然杂交品种。

图标
著名产茶区
茶区

密西西比州
2014年，在密西西比州立大学的帮助下，大密西西比茶叶公司种植了3万多棵茶树，占地1.2公顷，并计划随后几年扩大到117公顷。这家公司不断收集并尝试杂交品种，同时监测害虫的综合防治。

南卡罗来纳州的基洼岛
基洼岛属亚热带气候，年降水量为1320毫米，十分适合种植茶树。占地52公顷的茶园使用机器采摘，当地的工厂采用传统工艺制作红茶。

草本茶

何谓草本茶?

草本茶是指用带有香味的药草等植物冲泡的饮品。人们饮用草本茶，一是因为草本茶有益健康的特性，二是因为其令人放松、恢复活力的香气。草本茶可以热泡或冷泡，味道可口，可以替代含咖啡因的饮料。

草本茶的益处
草本茶具有芳香疗效，可以舒缓身心，促进身心的恢复。

茶还是草本茶?

并非所有的草本茶都可归为茶，这一点可能与大众的想法有所不同。人们经常误以为草本茶就是茶，其实他们并非源自茶树，所以从严格意义上讲不能定义为茶。草本茶是用其他各种植物的根、茎、叶、皮、花、籽、果冲泡而成。除了马黛茶，草本茶一般不含有咖啡因。

草本茶的药用功能

几个世纪以来，草本茶的药用功能一直受到中医和印度草医学（即“阿育吠陀”）的青睐，并用来治疗各种疾病。随着草本茶在西方的逐渐兴起，人们可以在各大茶店和超市买到。草本茶有助于排毒、静心、睡眠，治疗普通感冒和流感，几乎任何微恙都可以找到对症的草本茶。

草药等植物的化学成分很复杂，可能与传统药物相克，也可能加重过敏症状。所以在决定将草本茶加入到自己的治疗计划之前，一定要问问医疗保健专家。

草药师

尼古拉斯·卡尔佩珀（1616—1654）是英国的一位医师、药剂师、占星家和植物学家。他在《草药大全》中列出了几百种草本茶的配方及其功效。自发表以来，这本书一直当作参考书使用。当时所知道的每一种草本茶，这本书都有详细记载，并具体说明了每种草本茶所对应的疾病。卡尔佩珀曾在伦敦的斯皮塔佛德行医，他用自己在医学、占星学和药剂学方面的知识为人看病。在卡尔佩珀所处的年代，他在普通人眼中是十分激进的。

家庭治疗
草本茶具有天然的治疗功效，可以治疗普通的疾病，并且很容易在家中配制。

用**薰衣草**、木槿花和玫瑰果泡制的草本茶富含维生素C，可以用来治疗感冒。

根

根是植物的生命线。根从土壤中吸收养分，并将之传送到叶和花。根部质地较厚，呈纤维状，富含有机化合物，所以是草本茶的绝佳原料。

微生物、昆虫和营养物在植物根部形成了一种微环境，同时赋予了根部有益健康的特性。在温带地区，植物的根会从土壤中吸收养分，冬天将其储存在体内，这时植物的新陈代谢十分缓慢。最好在春天万物复苏之际，选一个天气干燥的日子挖出根部。如果根很厚或很软，可以将其悬挂晾干，或者在烘干机中慢慢烘干。预先烘干的根也可以随处买到。

烤干的根可以代替茶叶，并且不含咖啡碱。

牛蒡根

（拉丁学名：Arctium）

牛蒡会结出刺球状的果实，如果不小心碰到，会粘到身上。牛蒡的主根可以长到60厘米长，其中含有菊粉，这种化合物可以改善肠道环境,促进益生菌增殖。牛蒡根一直被用来治疗粉刺和关节疼痛，并且具有很好的利尿和清血的作用。另外，因为牛蒡根可以净化肝脏，所以还常常用在具有排毒功效的草本茶中。

洋甘草

（拉丁学名：Glycyrrhiza glabra）

洋甘草的纤维状根可以增加草本茶的甜度，舒缓发炎的喉咙和肺部，从而改善呼吸系统的健康，减轻感冒症状。另外，洋甘草还可以改善肠胃不适，用作排毒剂或舒缓精神的补药。

菊苣

（拉丁学名：Cichorium intybus）

菊苣是一种野生植物，漂亮的青蓝色花朵很容易识别。菊苣的根常用于草本茶。与牛蒡根（见前页）一样，菊苣也含有菊粉，可以有效激活体内的益生菌。菊苣具有排毒功效，有助于加强免疫系统，还因为消炎功效而用于治疗关节炎。此外，菊苣还有镇静的作用，常用于配制促进睡眠的草本茶。

蒲公英根

（拉丁学名：Taraxacum officinale）

蒲公英常常被视为杂草，不过因为具有消炎效果，并且能够减少疼痛和肿胀，所以常用于草本茶。此外，蒲公英的根还能帮助消化，促进肠道中的有益菌群。

姜

（拉丁学名：Zingiber officinale）

姜是做菜时广为使用的一种调味品，也是草本茶中很受欢迎的一种原料。姜具有消炎消毒的功效，并且含有萜烯和姜精油，有助于促进血液循环、净化淋巴系统。因此，姜能够改善肠胃不适、恶心以及感冒和流感的症状。

皮

和根一样，植物的皮也能运送养料。虽然皮不是最常使用的部分，但正逐渐成为草本茶的一种原料。不同植物的皮可以让草本茶具有不同的味道和健康功效。

树皮的内层相当于一个动力室，会起到运送养料、维系植物生长的作用，而树干的心材相当于树的支撑结构。如果使用不当的方法剥树皮，会对树造成永久的损害，所以不建议大家自己去寻找需要的树皮，最好是购买现成的。不管你是单独饮用树皮泡的水还是与其他草药一起饮用，都需要先将树皮熬成汤剂。如果是树皮与其他草药同时使用，将晾干的草药放在沸水中煮至少5分钟，然后加入树皮熬成的汤剂。

甜樱桃

（拉丁学名：Prunus avium）

甜樱桃树的树皮具有舒缓咳嗽的作用，所以很多咳嗽药中都含有这种树皮。此外，这种树皮中的洋李甙能够抵抗传染引起的炎症。因为味道苦涩，所以最好与味道甜美的草药或水果同饮。

肉桂

（拉丁学名：Cinnamomum verum）

肉桂的树皮具有抗氧化效果，可用于治疗感冒和流感；此外还具有抗菌功能，能够帮助消化，有助于排气、开胃。这种香料因为含有香豆素，所以只能少量服用。香豆素是一种天然、味甜的化合物，如果大量服用，会损坏肝脏。肉桂分为中国肉桂和锡兰肉桂。锡兰肉桂产自斯里兰卡，香豆素含量较低，所以更适合冲泡草本茶。

白柳皮

（拉丁学名：Salix alba）

白柳皮是最古老的止痛药材之一，其中含有的水杨苷在人体内会转化为水杨酸，有助于减轻疼痛。水杨酸可以制成传统的镇痛药阿司匹林。白柳皮泡成的草本茶因为具有消炎效果，所以能够缓解感冒和流感的症状，比如头痛、发热等。

树皮具有镇静、止痛和抗氧化等功效，所以是感冒的头号克星。

榆树

（拉丁学名：Ulmus fulva）

榆树皮中的黏液具有镇痛止咳的疗效。它可以覆盖在口腔、喉咙、肠胃的组织上，起到舒缓消炎的作用。

花

草本茶中常常会看到鲜花和干花，因为它们可以从颜色和味道上对草本茶饮进行点缀。不仅如此，很多花还具有消炎排毒的效果。

洋甘菊

（拉丁学名：Matricaria chamomilla）

洋甘菊的花朵与雏菊相似，即使在瓦砾中或路面的缝隙中也能生长开花。因为具有温和的镇静作用，所以可以缓解失眠和焦虑等症状，还能提高免疫系统。洋甘菊具有菠萝一样的香味，这也是它具有镇定效果的原因之一。

洋甘菊

接骨木花

（拉丁学名：Sambucus nigra）

左图中这些聚伞状的花朵开在灌木丛中。接骨木花5月份绽放，以消炎特性而为大家所知。这种花晒干后做成草本茶饮，可以起到排毒、缓解感冒症状的效果。其味香甜，可以增加草本茶的口感。

玫瑰茄

（拉丁学名：Hibiscus sabdariffa）

玫瑰茄是草本茶常用的一种原料，因为它既可以让茶汤呈现深红色，还可以添加酸酸的味道。玫瑰茄中含有花青素，红色和紫色的水果和蔬菜中都含有这种有机化合物。研究发现，玫瑰茄可以降低血压和胆固醇。玫瑰茄还含有能够消炎的槲皮素，可以促进消化并缓解关节炎的症状。

薰衣草

（拉丁学名：Lavandula angustifolia 或 Lavandula officinalis）

薰衣草香气独特，如果与蜜蜂花一起泡杯热饮，可以缓解头痛。薰衣草还作为经典的药材，用来治疗失眠、发热、焦虑、压力、感冒、流感和消化不适。

薰衣草

红花苜蓿

（拉丁学名：Trifolium pratense）

红花苜蓿具有花蜜般的甜味，还含有一种可溶于水的化合物异黄酮。异黄酮与雌激素的性质相似，有助于减少更年期症状。此外，红花苜蓿还能够降低坏胆固醇（LDL），而提高好胆固醇（HDL），从而改善心脏健康。

菩提花

（拉丁学名：Tilia vulgaris）

菩提花是菩提树的花朵，也称作椴树花，因具有抗组胺效果，所以常用于治疗过敏症状。此外，菩提花还含有槲皮素，具有极强的抗氧化效果，可以中和破坏DNA的自由基，并能够消炎。有些治疗咳嗽的药物中就含有菩提花。菩提花带有香味，可以给草本茶带来甜甜的花香。

叶

草本植物的叶子含有多种有益健康的糖、蛋白质和酶，这些化合物具有不同的味道，能够释放各种香气，具有镇静、提神等作用。草本茶中含有多种叶子的原因也在于此。

柠檬马鞭草

（拉丁学名：Aloysia triphylla）

柠檬马鞭草与柠檬一样，含有丰富的精油，具有退热、安神、缓解感冒、促进消化等疗效。

香蜂草

（拉丁学名：Melissa officinalis）

香蜂草是薄荷属，具有柠檬一样的香气和味道。香蜂草可以用作镇静剂缓解焦虑和不安，同时可以消除感冒和流感的症状。

薄荷

（拉丁学名：Lamiaceae）

数百年来，人们一直用薄荷叶（包括胡椒薄荷和留兰香）缓解头痛和促进消化。如果有胃食管反流的症状，不要饮用薄荷，因为这会加重病情。

黑桑

（拉丁学名：Morus nigra）

日本的草本茶中经常会放入黑桑叶。黑桑叶味道极甜，能够治疗多种不适，比如咳嗽、发热、咽喉肿痛、头痛等感冒和流感的症状。

路易波士

（拉丁学名：Aspalathus linearis）

路易波士，又称红灌木，发酵后不含咖啡因，常常作为红茶的替代品。另外，也有未发酵的路易波士茶。路易波士可以与水果、香料、调味品混合做成饮品。路易波士含有抗氧化成分，能够改善睡眠，促进消化和血液循环。路易波士生长在南非的西开普地区。

图尔西

（拉丁学名：Ocimum tenuiflorum）

图尔西（或称圣罗勒）原产地为印度，具有极强的抗氧化性，味道甘甜，香气馥郁，用于缓解头痛焦虑、减轻感冒症状、提高注意力和记忆力。圣罗勒植株可以从土壤中吸收有毒的铬，所以购买时请挑选有机圣罗勒。

罗勒

（拉丁学名：Ocimum basilicum）

罗勒不仅是一种蔬菜，还具有强大的消炎和抗氧化效果，能够减轻感冒和流感的症状。罗勒味道甘甜，芳香四溢，可以作为草本茶一种原料。

马黛茶

（拉丁学名：Ilex paraguariensis）

马黛茶主要生长在巴西和阿根廷。这种常绿植物咖啡因含量很高，具有淡淡的烟草和绿茶味道，可以起到提神的效果。

葫芦茶壶与吸管

传统而言，用挖空的葫芦冲泡马黛茶，然后用一种特别的吸管饮茶。

果与籽

果实和种子富含有益健康的维生素和矿物质，不仅可以提高草本茶的药效，还可以改善茶饮的味道。

蓝莓

蓝莓

（拉丁学名：Vaccinium cyan℃℃cus）

蓝莓呈蓝紫色，说明其中含有花青素。花青素具有抗氧化特性，可以促进细胞和心血管健康、调节认知能力。此外，蓝莓还含有类胡萝卜素，具有明目效果。

接骨木果实

（拉丁学名：Sambucus nigra）

接骨木的果实呈靛蓝色（见左图），开的花为接骨木花（见138页）。接骨木果实具有极强的氧化性，并且含有能够提高免疫力的槲皮素。人们一直用这种浆果治疗咳嗽和感冒，此外这种果实还有益于明目和心脏健康。采摘时选择成熟的深紫色果实，不要摘绿色或没有完全熟透的果实，因为它们是有毒的。接骨木的果实可以晒干或脱水，用于草本茶。

柑橘皮

烘干或新鲜的柑橘皮均可用于冲泡草本茶。柑橘皮主要作用于消化系统和呼吸系统，可以治疗咽喉痛、流感和关节炎。选择未经打蜡的无公害有机柑橘，因为任何有害化合物都有可能附着在柑橘皮上，甚至进入柑橘皮内部。

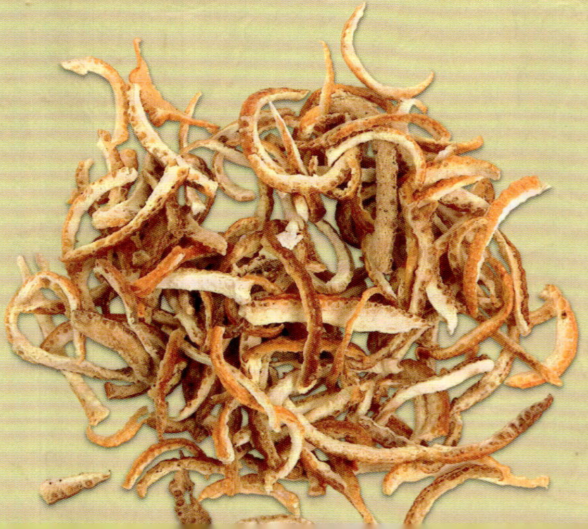

玫瑰果

（拉丁学名：Rosa canina）

全球大多数地方都产有玫瑰果，最好的玫瑰果来自野生玫瑰，不过也有很多其他适合做草本茶的玫瑰果。大多数健康食品店或茶店都出售有玫瑰果。玫瑰果不仅富含维生素C、抗氧化成分和类胡萝卜素，能够缓解感冒和流感的症状，减轻头痛，促进消化，还富含抗氧化和生物类黄酮成分。此外，它还具有消炎特性，因此能够缓解关节痛。

小豆蔻

（拉丁学名：Elettaria cardamomum）

小豆蔻的原产地是南亚，叶子可以长到3米高。豆荚中有黑色的籽粒，籽粒碾碎后可入草本茶。小豆蔻可以促进消化，并消除感冒和流感的症状。此外，小豆蔻还可以用作天然的利尿剂和抗氧化剂，具有排毒消炎的效果。

茴香

（拉丁学名：Foeniculum vulgare）

茴香具有浓郁的香气，主要功效是促进消化，所以适合用于饭后草本茶。茴香籽含有槲皮素，这种黄酮类抗氧化剂可以提升免疫力，而槲皮素的消炎特性有助于减轻关节炎的症状。

茴香

制作草本茶

制作草本茶本身就是一种享受。在家中配制草本茶绝对是一次有意义的体验，尤其是你可以在此过程中了解不同的原料，并懂得了很多干燥和存储的知识。

寻找原材料

草药、香料或水果等原料很容易在健康食品店或网上买到，但很多草本植物其实都可以在自己的花园中种植，比如迷迭香、薄荷、鼠尾草和百里香。姜、丁香、肉桂等其他原材料几乎在每家每户的橱柜中都能找到。

如果你要亲自去采集这些原材料，一定要小心。不要在路边采摘，因为这里的植物长期处于汽车尾气中，另外路边也不安全；也不要在使用化学肥料和杀虫剂的地方采摘。如果你需要的是植物的根，一定要保证挖掘时不要破坏旁边的其他植物。此外，不要从花店买花做草本茶，因为花店的人一般会喷洒大量的杀虫剂。

现成的草本茶很容易买到。茶店供应各种味道和香气的草本茶，以适应不同的人群；很多大超市也出售各种各样的草本茶，比如可以抗感冒、增强体抗力的草本茶。

消炎
用姜、姜黄和柠檬制作的草本茶具有消炎效果，可以缓解关节疼痛。

鼠尾草
鼠尾草茶能够舒缓身心，还有人认为它可以缓解焦虑和抑郁。

自家种植
洋甘菊和香蜂草混合而成的茶饮十分流行，能够起到放松身体、提振精力的作用。这两种植物很容易种植。

风干
薄荷等草药最好在室内风干，因为这样色香味都可以很好地保留下来。温暖干燥的房间最适合。

干燥与储藏

如果使用自己采摘的原材料，应该立刻用自来水冲洗，然后用抹布拍干。将其放在烤盘上或篮子里，盖上一块薄薄的布，放在温暖干燥的房间里晾干。风干时间可以持续数日，这主要取决于湿度。另外，也可以在烤箱里用低温干燥，或是用脱水机进行干燥。但是，千万不要使用微波炉，因为会烤焦植物，快速升高的温度还会破坏植物中的精油。

不管是亲自采摘的植物，还是商店买来的，都要放在密闭的玻璃容器、瓷器或不锈钢器皿中，远离热源或其他带有香味的物品。

经过干燥处理的原材料富含精油，在热水中冲泡时精油会释放出来。

准备原材料

制作草本茶最好使用新鲜水果。植物也可以使用新鲜的，但味道和香气均不如干燥后的植物。因为干燥过程可以浓缩精油和其他成分，在热水中它们会重新组合，并且更容易释放。如果使用新鲜的草本植物，使用量应为干燥植物的三倍。

制作草本茶时，先将干燥后的草本植物掰成小块，每种植物每杯放一茶匙。草本茶需要使用刚烧开的沸水冲泡大约5分钟。与茶不同的是，草本茶不会因为种类不同而冲泡不同的时间。因为草本植物除了干燥没有经过氧化或其他处理方式，所以不需要区别对待。

汤剂

根和茎需要在水中熬煮，才能释放出味道和营养，这一过程称为“煎煮”。将原材料煎煮5~10分钟，过滤、凉凉后即可饮用。

煮草本茶时只能使用不锈钢或玻璃茶壶，不要使用铝、铁或铜锅，因为化学成分会影响原材料的性质。

健康草本茶

草本茶可以看作是全面的健康滋补品，其药用价值体现在治愈功效上。草本茶的香气可以激发人的嗅觉，振奋人的精神，甚至在饮用之前就起到了上述效果。草本茶的香气和茶汤可以净化人的身心。

下面我们介绍一下草本茶的传统用途，这些草本茶一般都含有洋甘菊、薰衣草、柠檬马鞭草和薄荷。不过，在品饮草本茶之前先咨询一下保健医师，因为有些草本植物会和传统的药物相克，也许还会增加过敏症状。如果你处于妊娠期或哺乳期，在尝试草本茶之前也要问问医生的建议。

排毒

具有排毒功效的草本茶所含的草本植物能够清理肝脏，并将有害化合物以及铅、镉、汞等重金属排出体外。这一过程称为“螯合”。具有螯合作用的原材料能够与重金属结合，通过胃肠道将其带出体外。传统的排毒茶含有姜、蒲公英、牛蒡和甘草根。

美容

有益于肌肤、指甲和头发健康的草本茶一般称作“美容茶”，这种草本茶能够促进血液循环，增强皮肤弹性。玫瑰花瓣具有焕肤和改善皮肤血液循环的效果；竹叶含有有机硅，能够改善皮肤、头发和指甲的质地；而洋甘菊、菩提花和柠檬马鞭草据说能够全面提高皮肤的健康和肤质。

抗感冒

所谓的感冒茶一般富含抗氧化成分和维生素C。有些草本茶可以润喉，有些能够降温，缓解发热等感冒症状。你可能以为感冒茶会有一种浓烈的药味，但接骨木花、甘草、肉桂、姜、玫瑰果、迷迭香和柠檬马鞭草等香气浓郁的原材料任何一种都能够缓解普通感冒的症状。

饮用排毒茶能够清理人体系统。

宁神

具有镇静作用的草本茶一般都香气馥郁，因为香味在舒缓压力、焦虑和失眠方面起着重要作用。有些宁神茶具有一定的镇定作用，而有些茶具有全面的舒缓作用。经典的配方包含洋甘菊、薰衣草、柠檬马鞭草和圣罗勒。

促消化

姜、甘草根、甜樱桃树树皮、肉桂、木槿花、小豆蔻和茴香都具有促进消化的作用。助消化的草本茶通常口感润滑，具有舒缓效果。这种草本茶随时可以饮用，但最好作为饭后饮品。

消炎

具有消炎作用的原材料有助于治疗关节炎等关节疾病。蔓越莓和蓝莓等深色水果中含有槲皮素。姜和姜黄根也具有消炎作用，并有助于缓解关节炎和关节疼痛等症状。

古埃及人因治愈功效而饮用草本茶。

玫瑰果
玫瑰果茶有助于抵抗普通感冒，可以加一勺蜂蜜来中和茶汤的酸味。

薰衣草
睡觉前喝一杯含有薰衣草的草本茶有助于睡眠。

洋甘菊
洋甘菊能够增强人的免疫系统，适合与柠檬等柑橘类水果搭配，制成淡淡的醒脑提神茶。

健康轮

植物具有很多药效，可以用于治疗各种不适。本页的健康轮列出了各种原材料所具有的健康功效，在制作草本茶时可以参考。

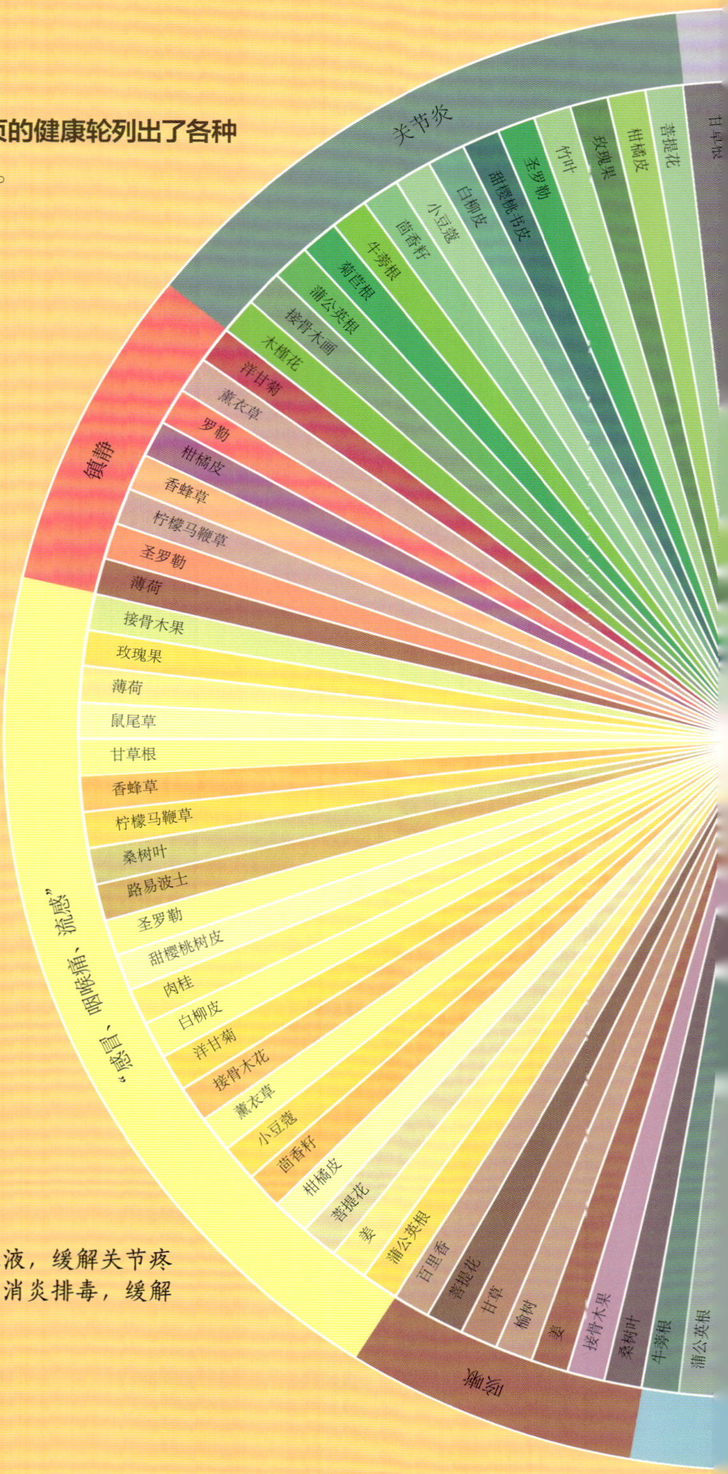

玫瑰果芙蓉茶
木槿花可以降低血压和胆固醇。玫瑰果因为富含维生素C、抗氧化成分和类胡萝卜素，所以可以缓解感冒与流感的症状。

蒲公英牛蒡茶
牛蒡能够净化血液，缓解关节疼痛。蒲公英可以消炎排毒，缓解肿痛。

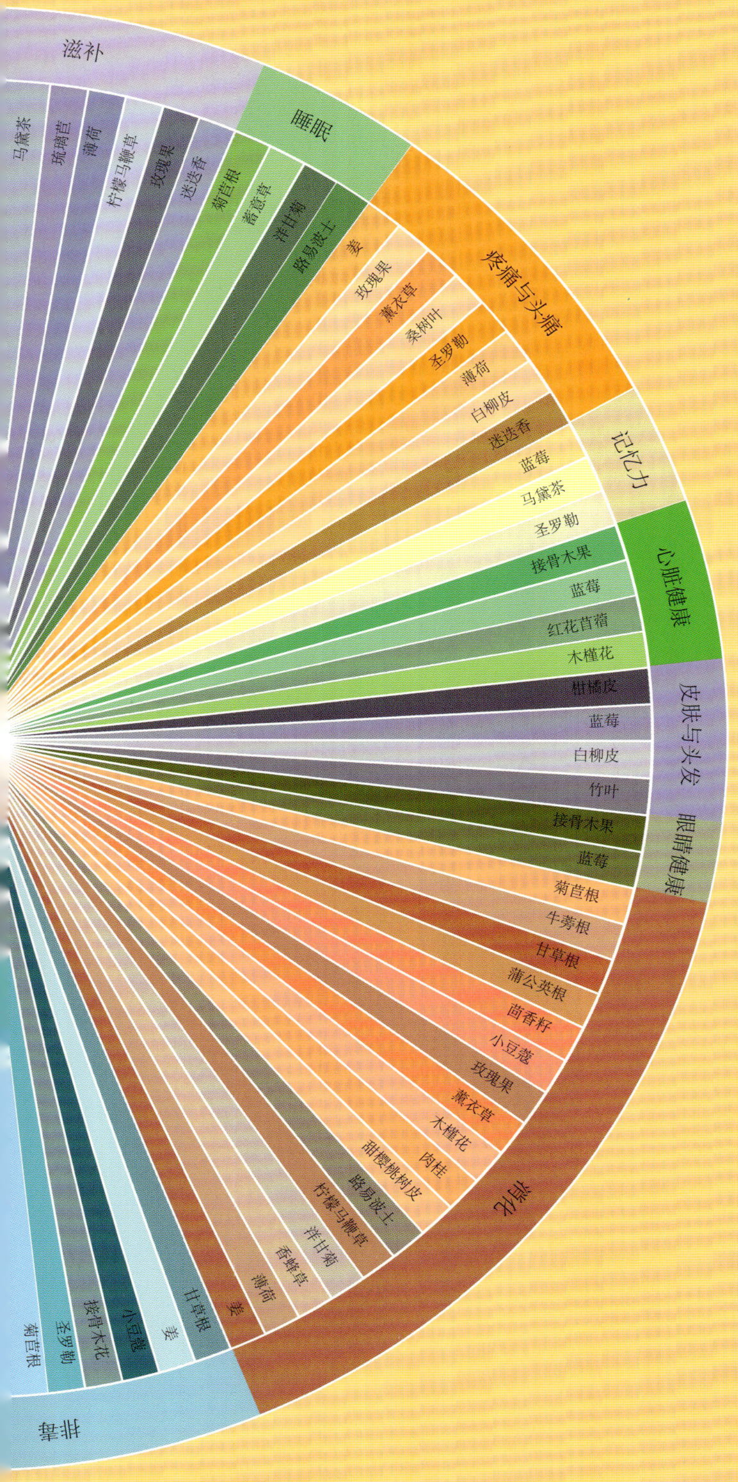

路易波士茶

用路易波士冲泡的草本茶可以治疗失眠，促进消化，缓解感冒和流感症状。

薰衣草甘菊茶

洋甘菊和薰衣草都以馥郁的香气著称，会让人有一种健康的感觉，因此二者常常用来制作宁神茶。

草本茶配方

柑橘茉莉花茶（4人）

水温：80℃　冲泡时间：3~4分钟　类型：热饮　加奶：否

茉莉花茶一般在夜晚茉莉花开放时制作。将绿茶与茉莉花茶拌和，然后将茉莉花挑出去，将茶叶烘干，此过程重复几个晚上。澳洲指橘为此款草本茶增加了扑鼻的香气。

1上尖汤匙茉莉龙珠；
1个澳洲指橘的果肉，
或1/2个酸橙，剥皮并切成薄片，
再切一些薄片，用于装饰（可选）；
900毫升水加热至80℃；
1茶匙酸橙、柠檬和橙皮，用于装饰（可选）。

1.将茶叶放入茶壶中，加入澳洲指橘，留一茶匙指橘装饰用。
2.加入热水，冲泡3~4分钟，直到茉莉龙珠舒展开来。
品饮：趁热品饮，可以配上之前预留的澳洲指橘或酸橙片，另外也可以配以橙皮。

翡翠果园茶（4人）

水温：80℃　冲泡时间：2分钟　类型：热饮　加奶：否

碧螺春因经炭火炒青，所以有一种怡人的烟熏味。枸杞会给茶汤带来细微的酸味。香甜的梨可以起到中和作用。

1个梨，去核切块，
外加4片薄片，用于装饰；
1汤匙干枸杞；
200毫升沸水
外加750毫升水加热至80℃；
2汤匙云南碧螺春。

1.将梨和枸杞放在茶壶中，加入沸水，放置一旁冲泡。
2.同时，将茶叶放入另一个茶壶中，加入热水，冲泡2分钟。
3.将茶汤过滤至第一个壶中。
品饮：将混合后的茶汤过滤至茶杯中，趁热饮用，放入一片梨作为装饰。

翡翠果园茶　这种热茶集甜、酸和烟熏味为一体，会让人爱不释口。

柠檬龙井茶（4人）

水温：80℃　冲泡时间：2分钟　类型：热饮　加奶：否

本款草本茶使用一般等级的龙井茶即可，因为特级茶的微妙之处会被掩盖。炒核桃仁可以将茶叶的炒青特点彰显出来，而柠檬姚金娘可以调和烘焙的味道，给茶汤带来些许甜味。

$1\frac{1}{4}$茶匙干柠檬姚金娘；
$1\frac{1}{2}$茶匙剁碎的炒核桃仁；
240毫升沸水，
　外加800毫升水加热至80℃；
4汤匙龙井茶。

1.将柠檬姚金娘和核桃仁放入茶壶中，加入沸水，放置一旁冲泡。
2.将茶叶放入另一个茶壶中，加入热水，冲泡2分钟。
3.将茶汤过滤至第一个壶中。
品饮：将混合后的茶汤过滤至茶杯中，趁热饮用。

摩洛哥薄荷茶（4人）

水温：90℃　冲泡时间：5分钟　类型：热饮　加奶：否

珠茶是摩洛哥薄荷茶的主要原料，因为冲泡时间较长，所以味道浓烈，有烟熏味。传统而言，这款草本茶要有家中的男主人冲泡，现已成为摩洛哥好客的象征。

4茶匙干珠茶；
6大枝薄荷的叶子；
　外加4枝，用于装饰；
900毫升水加热至90℃；
5汤匙细砂糖。

1.将珠茶和薄荷叶放入茶壶中，加入热水，冲泡5分钟。
2.将茶汤过滤到煮锅中，加糖，不断搅拌，中火慢煮。端起锅，将茶汤倒回原来的茶壶中。
品饮：以30厘米的高度将茶汤倒入茶杯中，表面会出现泡沫。在每杯茶中插一枝薄荷，趁热饮用。

蜂蜜柠檬抹茶（2人）

水温：80℃　冲泡时间：无需　类型：冷饮　加奶：否

本款冰抹茶的颜色叶绿素般翠绿。可以使用制作糖果的那种抹茶，这种抹茶会比优质抹茶便宜些。蜂蜜可以增加甜度，而柠檬汁可以提味。

5茶匙蜂蜜
1汤匙柠檬汁，
外加一些柠檬皮
500毫升水加热至80℃
1$\frac{1}{2}$茶匙抹茶粉
冰块

1.将蜂蜜、柠檬汁、柠檬皮和一半的热水放在水壶中。

2.将抹茶粉放入碗中，加入一点热水，按照W方式开始打茶，直至打成稀糊状。然后加入剩下的热水，继续打茶，直至表面出现泡沫。

品饮：将打好的抹茶倒入水壶中，搅拌，用平底玻璃杯上茶，同时加入方糖。

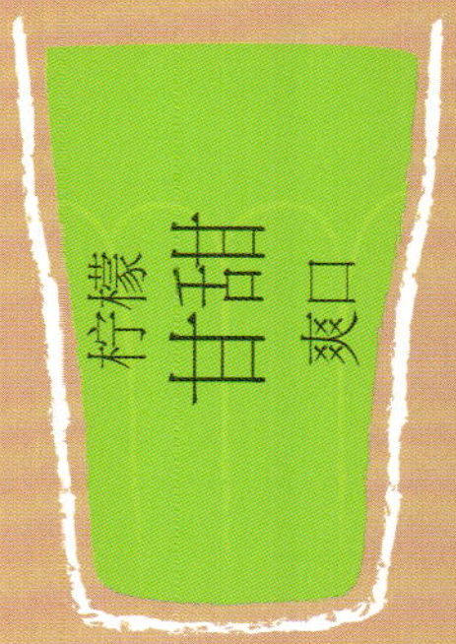

冰煎茶（2人）

水温：80℃　冲泡时间：1分钟　类型：冷饮　加奶：否

在此款冰煎茶中，百里香可以让日本煎茶更加美味，姜可以带来些许辛辣感以及一丝甜味。

2汤匙姜末；
4枝百里香；
2汤匙日本煎茶；
500毫升水加热至80℃；
冰块。

特殊工具

捣拌棒或杵

1.将姜和百里香均分为两份，放入平底玻璃杯中，用捣拌棒或杵将其捣碎。

2.将茶叶放入茶壶中，加入热水，冲泡1分钟。

3.将茶汤过滤平均倒入平底玻璃杯中，冷却后加入冰块，即可饮用。

注意：如果想要制作较浓的冰茶，可以提前泡好煎茶，倒入冰块盘中冷冻起来，用其代替普通冰块。

龙井冰茶（2人）

水温：80℃　冲泡时间：1分钟　类型：冷饮　加奶：否

红毛丹是一种亚洲水果，有红果和黄果两类，果壳较厚，里面是白色的果肉，与荔枝很像。虽然不如荔枝那么甜，但也足以平衡龙井的烟熏味和坚果味。

12颗新鲜或罐头装的红毛丹，
　去皮切片；
120毫升沸水，
　外加400毫升水加热至80℃；
5汤匙龙井茶；
冰块。

特殊工具

捣拌棒或杵

1.留出一些红毛丹作为装饰，用捣拌棒或杵将剩下的红毛丹捣碎。

2.将捣碎的水果放入茶壶中，加入沸水；冲泡4分钟；过滤后，冷却，倒入平底玻璃杯中。

3.在另外一个茶壶中用热水冲泡龙井，时间为1分钟。冷却后，倒入平底玻璃杯中。

品饮：加入冰块，并配以红毛丹作为装饰。

桂花绿茶（2人）

水温：80℃　冲泡时间：11/2分钟　类型：冷饮　加奶：否

黄色的桂花虽然很小，但香气馥郁，可以很好地中和茶叶的草味，水果可以增添一种熟悉的香甜味。

1个亚洲莲雾或梨，
　去核，切成薄片；
250毫升沸水，
　外加250毫升水加热至80℃；
2茶匙云南碧螺春；
1/2 茶匙干桂花；
冰块。

1.留出两片莲雾用于装饰，将剩下的水果放入茶壶中，加入沸水冲泡。

2.将茶叶和桂花放入另外一个茶壶中，加入热水，冲泡11/2分钟。

3.将茶汤过滤至第一个茶壶中，冲泡3分钟，然后再过滤到平底玻璃杯中，冷却。

品饮：加入冰块，配以莲雾作为装饰。

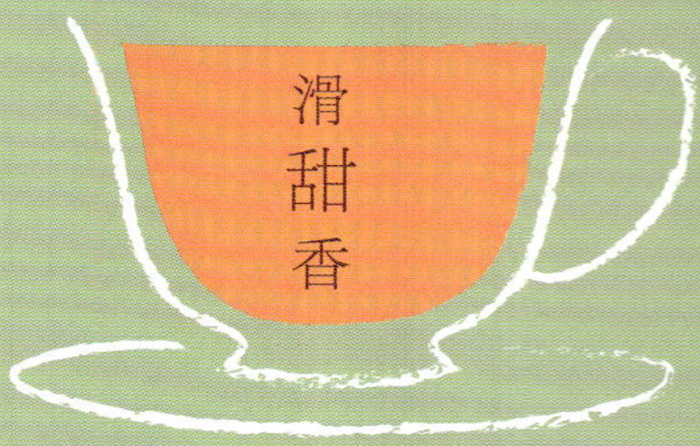

抹茶拿铁（2人）

水温：80℃ 冲泡时间：无需 类型：拿铁 加奶：杏仁奶

在这种口感柔滑的茶饮中，没有一丝的苦味。打抹茶粉时会形成泡沫，并会赋予这杯富含巧克力的拿铁淡淡的绿色。

350毫升加糖的纯杏仁奶；
15克白巧克力；
2茶匙抹茶，
额外准备一些用于装饰；
120毫升水加热至80℃。

特殊工具

电搅拌器

1.将杏仁奶和巧克力放入煮锅，用中火加热，并不断搅拌，直到熬成奶油状。将煮锅放置一旁。

2.将抹茶粉和水放在碗中，打成稀糊状。加入热牛奶和巧克力的混合物，快速搅拌，直至出现泡沫。倒入杯中。

品饮：上面撒一点抹茶用于装饰，趁热饮用。

马鞭草绿茶拿铁（2人）

水温：80℃ 冲泡时间：1.5分钟 类型：拿铁 加奶：杏仁奶

珠茶冲泡后会有一种淡淡的青草香，可以与其他原料形成多重口味。制作本款草本茶时最好选择优质的低脂拿铁，另外，马鞭草的柠檬味是甜的而非酸的。

350毫升加糖的米奶；
2茶匙干柠檬马鞭草；
2汤匙珠茶；
120毫升水加热至80℃。

特殊工具

电搅拌器

1.将米奶与柠檬马鞭草放入煮锅中，用中火加热，直到开始微微冒泡。将锅拿开，放置4分钟。

2.在茶壶中用热水冲泡珠茶1.5分钟，然后过滤到一个大碗中。

3.将柠檬马鞭草和米奶的混合物过滤到大碗中，开始搅拌。除去茶叶。

品饮：将茶汤倒到两个卡布奇诺杯或马克杯中，趁热饮用。

相融绿茶刨冰（2人）

水温：80℃ 冲泡时间：4分钟 类型：刨冰 加奶：杏仁奶

珠茶有一种青草的味道，柠檬草的柠檬香味正好起到提味的作用。蜜瓜可以增加甜度，杏仁奶则有助于形成带有泡沫的刨冰。

3茶匙剁碎的新鲜柠檬草；
2茶匙珠茶；
150毫升水加热至加热至80℃；
1/4小蜜瓜，切片，
外加蜜瓜球，用于装饰；
150毫升甜杏仁奶；
碎冰块。

特殊工具

搅拌机

1.将柠檬草和茶叶放入茶壶中，加入热水，冲泡4分钟。

2.过滤到水罐中，冷却至室温。

3.将蜜瓜放入搅拌机中，加入冷却的茶和杏仁奶，搅拌至表面出现泡沫为止。

品饮：在平底玻璃杯中放入半杯碎冰，将茶汤倒入杯中，配以蜜瓜球作为装饰。

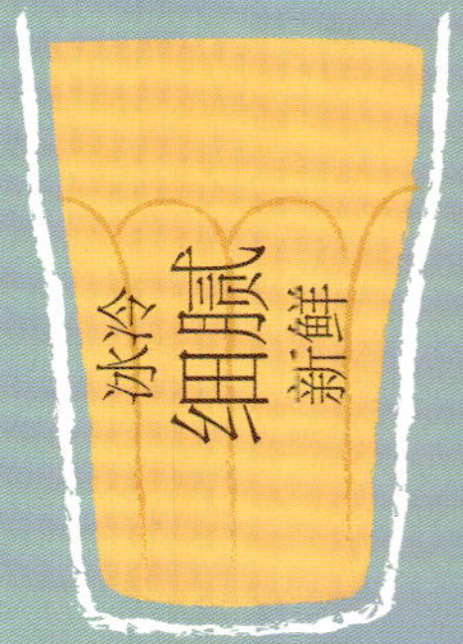

韩国朝露茶（2人）

水温：80℃ 冲泡时间：5~6分钟 类型：冰沙 加奶：杏仁奶

韩国中雀茶的冲泡时间应该比平时长一些，以便得到浓郁的茶汤。本款草本茶味香独特，会让人想到韩国的一款夏日冰点“红豆冰”。

2茶匙韩国中雀茶；
175毫升水加热至80℃；
240毫升甜芦荟汁；
1个梨，去核切片；
冰块，打成冰沙。

特殊工具

搅拌机

1.将茶叶放入茶壶中，加入热水，冲泡5~6分钟。

2.将茶汤过滤到水罐中，放置一旁，冷却至室温。

3.将冷却的茶汤和芦荟汁倒入搅拌机中，留出两片梨，将其余的梨片也放入搅拌机中，开始搅拌，直至形成有泡沫的奶昔状。

品饮：在平底玻璃杯中放入半杯冰沙，然后将搅拌后的茶汤倒入，配以梨片作为装饰。

甜杏果昔（2人）

水温：80℃ 冲泡时间：1分钟 类型：果昔 加奶：否

毛尖因茶芽披毛而得名，有一种香甜的青草味。杏可以增加茶汤的颜色和甜度。

2茶匙毛尖；
150毫升水加热至80℃；
120毫升原味酸奶；
5个新鲜或罐头装的杏子，
去核切片；
2汤匙蜂蜜。

特殊工具
搅拌机

1.将茶叶放入茶壶中，加入热水，冲泡1分钟。
2.将茶叶除去，让茶汤冷却。
3.将酸奶、杏和蜂蜜放入搅拌机中，加入冷却的茶汤，搅拌至奶油状。
品饮：将搅拌后的饮品倒入平底玻璃杯中，立刻品饮。

椰子抹茶（2人）

水温：无 冲泡时间：无 类型：果昔 加奶：椰浆

本款果昔有一种天然的甜味，是下午时分一杯很好的提神饮品。椰浆含有健康的脂肪酸，而牛油果富含钾、维生素K和维生素C。

8汤匙椰蓉；
1/2个牛油果；
1茶匙抹茶粉；
120毫升冰椰浆；
240毫升冰椰汁。

特殊工具
搅拌机

1.将烤箱预热至180℃，将椰蓉放在烤盘上，烤4.5分钟或烤至金棕色。
2.将椰蓉和剩下的原料放入搅拌机中，搅拌至奶昔状。
品饮：放入冰镇的玻璃杯中，外加一根吸管。

小碧螺春　这款茶融合了烧酒和迷迭香的香味。

小碧螺春（2人）

水温：80℃　冲泡时间：3.5分钟　类型：鸡尾酒　加奶：否

烧酒是韩国一种蒸馏而成的米酒，会有一点刺激。选择20度的烧酒，如果度数再高会盖过茶的味道。迷迭香可以增加这款鸡尾酒的香味。

5茶匙云南碧螺春；
300毫升水加热至80℃；
1/2茶匙稍微剁碎的迷迭香外加2枝迷迭香，用于装饰；
200毫升烧酒或伏特加；
冰块。

特殊工具

鸡尾酒调酒器

1.将茶叶放入茶壶中，加入热水，冲泡3.5分钟。

2.将切碎的迷迭香放入茶壶中，再泡30秒。然后将茶汁过滤到调酒器中，静置冷却。

3.将烧酒和冰块放入调酒器中，摇晃几秒钟。

品饮：将饮品过滤到鸡尾酒杯中，配上一枝迷迭香。

夜茉莉（2人）

水温：80℃　冲泡时间：3分钟　类型：鸡尾酒　加奶：否

如果你对花香情有独钟，很可能会爱上这款兼具茶香和果香的鸡尾酒。因为酒会吸收很多茶的味道，所以使用的茶叶量要比平时单独饮用时多一些。

3汤匙茉莉龙珠；
400毫升水加热至80℃；
2茶匙榅桲糖浆；
90毫升白朗姆酒。

特殊工具

鸡尾酒调酒器

1. 将茶叶放入茶壶中，加入热水，冲泡3分钟。

2. 将茶汤过滤到调酒器中，加入糖浆，放置冷却。

3. 将朗姆酒和冰块放到调酒器中，摇晃几秒钟。

品饮：将饮品倒入鸡尾酒杯中，立刻饮用。

冰茶（4人）

美国人很喜欢喝味道甘甜的冰茶。如果在美国餐馆点茶，一般会上来一大玻璃杯冰茶。下面介绍一个简单的冰茶做法，你可以在家里尝试一番。

对有些国家而言，冰茶可能属于新鲜事物，不过在美国冰茶已有一百多年的历史了。冰茶的发明要归功于英国一家茶叶公司的代表理查德·布莱钦登。1904年，他在美国密苏里州圣路易斯世博会上推销印度茶叶。当时天气闷热，所以他所提供的小杯热茶无人问津。后来，他在茶里加入了冰块，结果一炮而红。

经典冰茶共有两种：一种是加糖的冰茶，在南部各州比较流行；另一种是不加糖的，在北方地区流行。两种冰茶有时都会加入柠檬，在梅森—狄克森线以南十分风靡。

需要准备

原料

6茶匙红茶散茶；
500毫升沸水；
一小捏小苏打；
175克白砂糖；
2个柠檬，切片（可选）；
冰块。

冰茶早在19世纪30年代就在美国南部流行起来，通常会在冰绿茶中加入香槟。

1.将茶叶放入茶壶中，加入沸水，冲泡15分钟，茶汤浓烈。

2.小心将茶汤经过滤网倒入一个隔热的大水杯中。

美国人饮用的茶80%是冰茶。

3.趁茶汤仍比较热时，加入小苏打（以防止茶汤出现分层现象），同时加入糖，充分搅拌。然后，加入1.5升冰水，搅拌均匀。静置冷却，等到不冷不热时放入冰箱中，冷藏2~3小时。如果需要，可以将柠檬片加到茶中。最后，加入足够多的冰块，充满茶杯。

冰爽夏天

冰茶是温暖夏日的一杯绝佳饮品，最好使用干净的玻璃杯，这样可以看到里面漂亮的琥珀色。

榛李之乐（4人）

水温：85℃ 冲泡时间：3分钟 类型：热饮 加奶：否

白茶寿眉带有一种森林的味道，为本款醇香的茶饮奠定了基调。炒榛子仁带来一种甜甜的烟熏味，而颜色较深的李子让茶汤略呈紫色。

4汤匙炒榛子仁，碾碎；
4个紫色的李子，切片；
120毫升沸水，
外加750毫升水加热至85℃；
7汤匙白茶寿眉。

1.将榛子和李子放入茶壶中，加入沸水冲泡。
2.将茶叶放在另外一个茶壶中，加入热水，冲泡3分钟。
3.将茶汤过滤到第一个茶壶中，再泡一分钟。
品饮：过滤到茶杯中，趁热饮用。

金色之夏（4人）

水温：85℃ 冲泡时间：4分钟 类型：热饮 加奶：否

本款茶饮得名于金黄色的茶汤和杏子的琥珀色。水果和杏仁会将白牡丹的香甜凸显出来，让人想起夏日的果园。

4个杏子，切成瓣；
3滴纯杏仁精油；
120毫升沸水，
外加750毫升水加热至85℃；
6汤匙白茶白牡丹。

1. 将杏子和杏仁精油放入茶壶中，加入沸水冲泡。
2. 将茶叶放在另外一个茶壶中，加入热水，冲泡4分钟。
3. 将茶汤过滤到第一个茶壶中，再泡2分钟。
品饮：将茶饮过滤到茶杯中，趁热饮用。

玫瑰花园茶（4人）

水温：85℃　冲泡时间：4分钟　类型：热饮　加奶：否

虽然所用的白茶名为白牡丹，不过其中并没有花，却有一种怡人的森林和草木的香气。小豆蔻可以衬托出这些香味，同时提升玫瑰花蕾的芳香。

20瓣干玫瑰花蕾，
外加4瓣，用于装饰；
1/2茶匙碾碎的小豆蔻籽；
沸水，用于清洗原料
外加750毫升水加热至85℃；
7汤匙白牡丹；
蜂蜜，用于调味（可选）。

1. 用沸水冲洗玫瑰花蕾和小豆蔻籽，洗完后放于一旁。
2. 将茶叶放入茶壶中，加入热水，冲泡4分钟。
3.将茶汤过滤至另外一个茶壶，加入洗好的玫瑰花蕾和小豆蔻籽，再泡3分钟。

品饮：将茶汤过滤至茶杯中，如果需要可以加点蜂蜜。配以玫瑰花蕾作为装饰。

北方森林（4人）

水温：85℃　冲泡时间：4分钟　类型：热饮　加奶：否

这款白茶有一种松树的味道，冷却后味道更浓。略带甜味和松脂味的杜松果常常长在松树林的边缘，所以和这款白茶是天造地设的一对。

3汤匙压碎的烤松子仁；
6个新鲜的杜松果或12个干杜松果，
压碎，额外准备一些用于装饰；
120毫升沸水，
外加750毫升水加热至85℃；
5汤匙白茶寿眉。

1. 将杜松果和松子仁放入茶壶中，加入沸水冲泡。
2. 将茶叶放入另一个茶壶中，加入热水，然后将茶汤过滤到第一个茶壶中，再泡4分钟。

品饮：将茶饮过滤到茶杯中，放几个杜松果作为装饰。

白牡丹潘趣茶（2人）

水温：85℃　冲泡时间：3分钟　类型：冷饮　加奶：否

五月酒是欧洲十分流行的一种用白葡萄酒调制的潘趣酒，本款饮品相当于“茶中的五月酒”，其中的绿葡萄就是白葡萄酒的化身，香车叶草则带有刺激性的甜味。

18粒无籽绿葡萄，一分两半；
2茶匙干香车叶草；
120毫升沸水，
外加400毫升水加热至85℃；
4汤匙白茶白牡丹。

特殊工具

捣拌棒或杵

1.将一半葡萄放入茶壶中，用捣拌棒或杵捣碎；然后加入剩余的葡萄和香车叶草，倒入沸水，静置冷却。

2.将茶叶放在另一个茶壶中，加入热水，冲泡3分钟，然后过滤到两个平底玻璃杯中，等待冷却。

品饮：将果汁过滤到平底玻璃杯中，加入冰块。

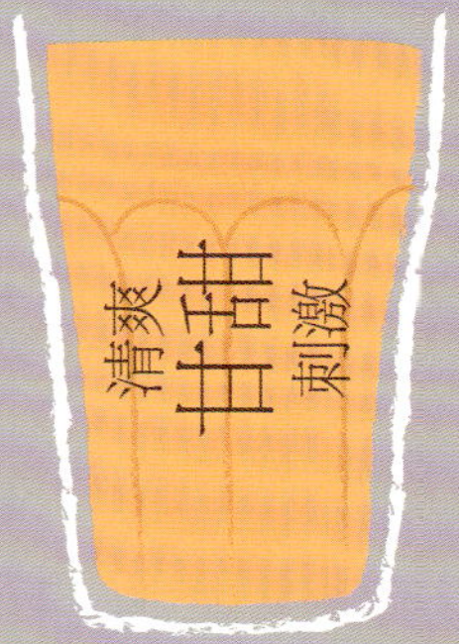

田中无花果（2人）

水温：85℃　冲泡时间：2分钟　类型：冷饮　加奶：否

本款夏季茶饮源自意大利，其中含有甜无花果和香鼠尾草。不过，使用鼠尾草时一定要小心，因为它的香味十分浓烈。

2个新鲜无花果或干无花果，切成四瓣；
2片新鲜的鼠尾草叶，或1/4茶匙整片的干鼠尾草叶；
100毫升沸水
外加400毫升水加热至85℃；
2汤匙白茶寿眉；
冰块。

特殊工具

捣拌棒或杵

1.将无花果和鼠尾草平均分到两个平底玻璃杯中，用捣拌棒或杵捣碎，加入沸水，静置冷却。

2.同时，将茶叶放入茶壶中，加入热水，冲泡2分钟。然后将茶汤过滤到玻璃杯中，搅拌均匀，等其冷却。

品饮：饮用前搅拌一下，并加入冰块。

田中无花果　此款冰茶味甜提神，是夏日午后的绝佳选择。

荔枝草莓刨冰（2人）

水温：85℃　冲泡时间：4分钟　类型：刨冰　加奶：椰浆

在本款夏季冷饮中，水果的香甜可以凸显茶叶的味道。茶叶一定要泡够时间，这样才能泡出浓烈的茶汤。椰浆可以带来浓郁的口感。

2汤匙寿眉；
240毫升水加热至85℃；
8颗荔枝，来自罐头；
8颗草莓；
5块冰块；
125毫升椰浆。

特殊工具

搅拌机

1.将茶叶放入茶壶中，加入热水，冲泡4分钟。过滤后，冷却几分钟。

2.将冷却后的茶汤倒入搅拌机中，加入荔枝和草莓，搅拌至带泡沫的奶昔状。

3.加入冰块，再次搅拌，直到冰块被打碎。

品饮：将茶饮倒入平底玻璃杯中，上面倒一些打好的椰浆。

缤纷花园（2人）

水温：90℃　冲泡时间：3分钟　类型：鸡尾酒　加奶：否

本款鸡尾酒既有接骨木花的芳香，也有白茶的浓香。加上伏特加冷却后，一款独一无二外加一点刺激性的鸡尾酒跃然眼前。

6汤匙白牡丹；
400毫升水加热至90℃；
4茶匙接骨木花糖浆；
120毫升伏特加；
冰块。

特殊工具

鸡尾酒调酒器

1.将茶叶放入茶壶中，加入热水，冲泡3分钟，然后过滤到调酒器，等其完全冷却。

2.将接骨木花糖浆和伏特加倒入调酒器中，然后将调酒器加满冰块，快速摇晃30秒钟。

品饮：过滤到鸡尾酒杯中，立刻饮用。

高山舒适茶（4人）

水温：90℃　冲泡时间：2分钟　类型：热饮　加奶：否

本款茶饮最好使用产自地中海的干黑醋栗，因为它具有那些长在灌木丛中的黑醋栗所没有的独特味道。另外，它还具有葡萄干一样的甜味，与轻发酵乌龙茶是很好的伴侣。

4汤匙干黑醋栗；
1.5茶匙碾碎的烤杏仁；
300毫升沸水，
外加600毫升水加热至90℃；
2汤匙台湾高山茶。

1.将黑醋栗和杏仁放入茶壶中，加热沸水冲泡。
2.有热水润茶，这有助于茶叶快速舒展。
3.将茶叶放入另一个茶壶中，倒入其余的热水，冲泡2分钟，然后过滤到第一个茶壶中。
品饮：将茶汁过滤到茶杯中，趁热饮用。

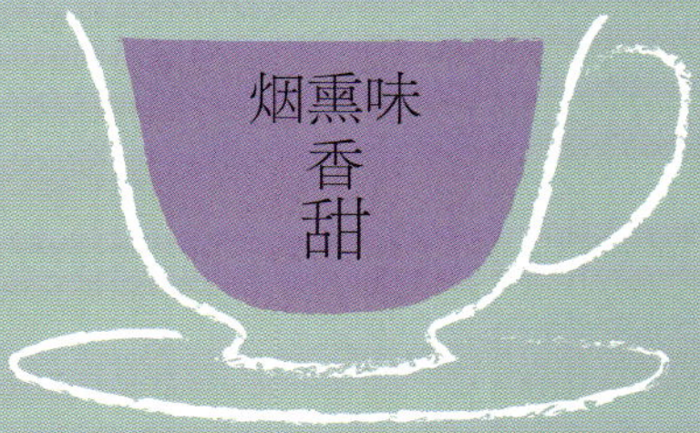

巧克力岩茶（4人）

水温：85℃　冲泡时间：4分钟　类型：热饮　加奶：牛奶（可选）

烤核桃仁、可可豆和乌龙茶放在一起冲泡，会让人感受到一种在篝火旁的温暖感觉。牛奶有助于核桃仁和可可豆中的精油释放，起到提味的作用。

4汤匙碾碎的可可豆，不去壳；
2汤匙碾碎的烤核桃仁；
300毫升沸水，
外加600毫升水加热至85℃；
4汤匙武夷岩茶。

1.将可可豆和核桃仁放入茶壶中，加入沸水冲泡。
2.将茶叶放到另一个茶壶中，加入热水，冲泡4分钟。
3.将茶汤过滤到第一个茶壶中，再泡1分钟。
品饮：将茶饮过滤到茶杯中，如果喜欢，可以加入牛奶，趁热饮用。

樱桃岩茶　土味、香辛味和水果味为这杯武夷岩茶增色不少。

樱桃岩茶（4人）

水温：85℃ 冲泡时间：4分钟 类型：热饮 加奶：否

武夷岩茶属乌龙茶，具有浓浓的土味和淡淡的花香。樱桃可以中和茶叶的自然味道，而豆蔻粉可以带来香辛味。

12颗樱桃，去核切半；
一捏豆蔻粉，外加一些用于装饰；
300毫升沸水，
外加600毫升水加热至85℃；
4汤匙武夷岩茶。

特殊工具
捣拌棒或杵

1.将樱桃放入茶壶中，用捣拌棒或杵捣碎，然后加入豆蔻粉和沸水冲泡。
2.将茶叶放在另一个茶壶中，加入热水，冲泡4分钟。
3.将茶汤过滤到第一个茶壶中。
品饮：将茶汁过滤到茶杯中，上面撒一点豆蔻粉，趁热饮用。

铁观音葡萄茶（4人）

水温：90℃ 冲泡时间：3分钟 类型：热饮 加奶：否

绿葡萄可以增加本款草本茶的味道和颜色，其中香甜的水果味会让人想起干白葡萄酒，茶叶则赋予其浓郁香甜的味道。

15颗无籽绿葡萄，切半；
150毫升沸水，
外加750毫升水加热至90℃；
2汤匙铁观音。

特殊工具
捣拌棒或杵

1.将一半的葡萄放入茶壶中，用捣拌棒或杵轻轻捣碎，直到出现些许果汁。将剩下的一半葡萄放入茶壶中，加入沸水冲泡。
2.将茶叶放入另外一个茶壶中，加入热水，冲泡3分钟。
3.将茶汤过滤到第一个茶壶中，再冲泡3分钟。
品饮：将汤汁过滤到茶杯中，趁热饮用。

铁观音冰茶（4人）

水温：90℃　冲泡时间：2分钟　类型：冷饮　加奶：否

铁观音属轻度发酵茶，具有微妙的花香和甘甜。在本款茶饮中，柠檬皮的香气要胜过酸酸的柠檬汁，沙梨的香味与茶香是绝佳的搭配。

2茶匙柠檬皮；
4片沙梨；
1上尖汤匙铁观音；
500毫升水加热至90℃；
冰块；
2片薄薄的柠檬，用于装饰。

特殊工具
捣拌棒或杵

1.将柠檬皮平均分到两个平底玻璃杯中，用捣拌棒或杵捣碎。每个玻璃杯中加两片梨。
2.将茶叶放到茶壶中，加入热水，冲泡2分钟，将茶汤过滤到水壶中，静置冷却。
3.将茶汤倒到平底玻璃杯中。
品饮：加入冰块，搅拌，放上一片柠檬用于装饰。

冰岩茶（2人）

水温：90℃　冲泡时间：3分钟　类型：冷饮　加奶：否

武夷岩茶淡淡的烘焙味可以中和金橘的刺激味道。金橘是一种椭圆形的柑橘类水果，第一口感觉很酸，但随后会口中留甘。

2个金橘，切成12片
　外加2片，用于装饰；
1茶匙豆蔻粉；
150毫升沸水，
　外加350毫升水加热至90℃。
5汤匙武夷岩茶；
冰块。

1.将金橘片和豆蔻粉放入茶壶中，加入沸水，冲泡3分钟，然后过滤到2个平底玻璃杯中，静置冷却。
2.将茶叶放入另外一个茶壶中，加入热水，冲泡3分钟，然后将茶汤过滤到水壶中，静置冷却。
3.将茶汤倒到平底玻璃杯中。
品饮：加入冰块，搅拌，放入1瓣金橘用于装饰。

铁观音伏特加（2人）

水温：无　冲泡时间：4~6小时　类型：鸡尾酒　加奶：否

欣赏铁观音在伏特加中的展开过程是一件很美妙的事。因为冲泡时间非常长，所以加入橙子来缓和茶汤的浓烈。

2汤匙铁观音；
240毫升伏特加；
75毫升橙汁；
1/2茶匙橙子苦味酒；
冰块；
几片薄薄的橙子，用于装饰。

特殊工具
鸡尾酒调酒器

1.用沸水润茶，这样冲泡时茶叶的舒展速度会快一些。
2.将茶叶放在400毫升的带盖玻璃壶中，加入伏特加，冲泡4~6小时，将汤汁过滤到调酒器中。加入橙汁、橙子苦味酒，然后用冰块加满调酒器，使劲摇晃几秒钟。
品饮：将鸡尾酒过滤到平底玻璃杯中，用一片橙子作为装饰。

茶香波旁威士忌（2人）

水温：90℃　冲泡时间：2分钟　类型：鸡尾酒　加奶：否

只有美国南部出产的威士忌能够中和武夷岩茶的土味。威士忌的烟熏味与乌龙茶烘焙味道铸就了这款浓烈的鸡尾酒。

5汤匙武夷岩茶；
300毫升水加热至90℃；
90毫升波旁威士忌；
冰块；
120毫升苏打水；
2圈柠檬皮，用于装饰。

特殊工具
鸡尾酒调酒器

1.将茶叶放入茶壶中，加入热水，冲泡两分钟，过滤到调酒器中冷却。
2.将波旁威士忌倒入调酒器中，用冰块加满调酒器，摇晃30秒。
品饮：将鸡尾酒过滤到鸡尾酒杯中，加入苏打水，用一圈柠檬皮装饰。

康普茶

康普茶是一种古老的发酵茶，可谓家喻户晓。康普茶味道清爽酸甜，含有少量酒精，并带有泡沫，其中的细菌丛和酸度有益于肠胃健康，所以这款富含益生菌的饮品可以当作日常的营养品。

康普茶的历史可以追溯到中国的汉朝（公元前206年~公元25年），19世纪经蒙古传入俄国。大约在1910年，康普茶传到东欧，第一次世界大战至第二次世界大战之间在德国十分风靡。不过，因为二战期间白糖和茶叶十分紧缺，康普茶日渐式微。20世纪90年代，康普茶在欧美再次流行。人们很喜欢在家里酿造这种饮品。

康普茶由红茶或绿茶加糖制成，并且需要培养一种被称为“SCOBY”（见下面方块中） 的菌母，即“细菌酵母共生培养物”。菌母中的酵母吸收糖分后，会产生少量酒精（低于1%）和二氧化碳，所以康普茶会带有泡沫。虽然酒精浓度很低，但不建议儿童、妊娠期或哺乳期妇女饮用。

每天喝两三杯康普茶有助于健康。

SCOBY（细菌酵母共生培养物）

SCOBY是Symbiotic Colony Of Bacteria and Yeast的缩写，意为“细菌酵母共生培养物”。SCOBY是康普茶中有生命的成分，赋予了康普茶酸酸的味道。SCOBY与醋母类似，但比苹果醋表面形成的那层胶状物更浓稠。SCOBY比较黏滑，为米黄色，形状与培养器皿相同。只有条件合适，茶和糖才能通过发酵转化为醋酸（无色酸味液体）。SCOBY不能与任何金属接触，因为产生的化学反应会破坏SCOBY以及液体中的培养物。

阿萨姆红茶

制作康普茶

这种起泡的饮品完全可以在家制作。因为比较清淡，并且含有促进消化的多种酸和酶，所以康普茶是其他起泡饮料的绝佳替代品。你只需要一个干净的制作空间，一些简单的设备、原料，以及等待茶叶发酵的耐心即可。

1.将泉水倒入一个容积为4升的大锅里煮沸，然后把锅拿开，加入茶叶，冲泡5分钟。

2.将茶汤过滤到大玻璃罐中，去除茶叶。然后加入糖，搅拌直至溶解。简单盖上罐口，等待冷却，大约需几个小时。

3.茶汤冷却后，加入商店买来的红茶菌，用木勺搅拌。戴上手套，将SCOBY放入玻璃罐中，用布盖好罐口，并用塑料绳系好，防止苍蝇和发霉。

4.将玻璃罐放静置在阴凉处一周的时间。SCOBY发酵后会沉到玻璃罐底部。几天后，它会浮到表面，此时也许另一个SCOBY已经开始在液体表面形成，并且越变越厚。

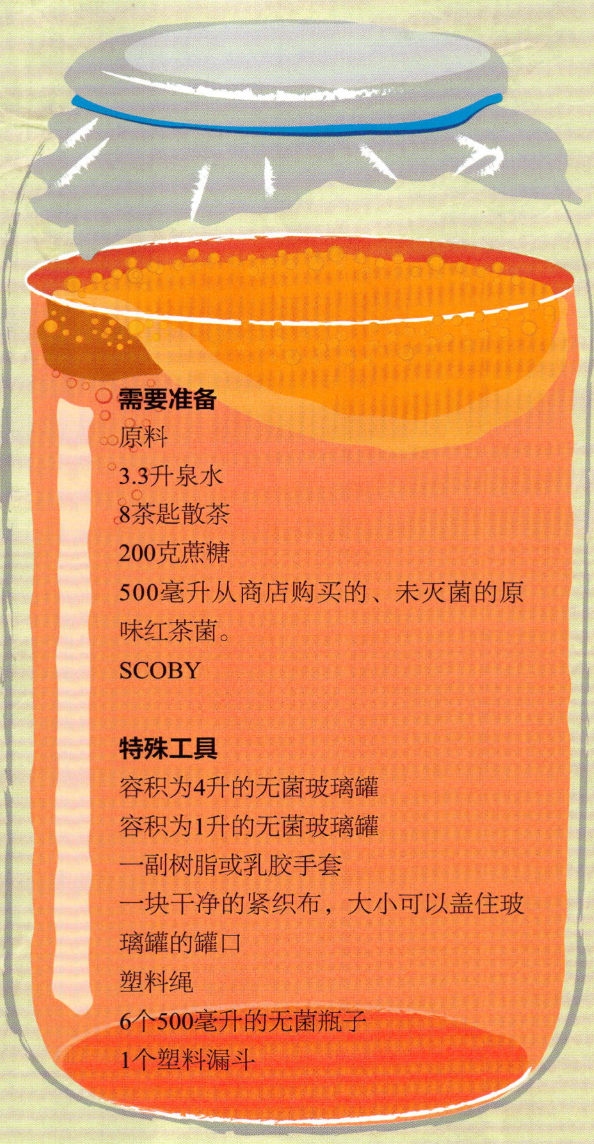

需要准备

原料

3.3升泉水

8茶匙散茶

200克蔗糖

500毫升从商店购买的、未灭菌的原味红茶菌。

SCOBY

特殊工具

容积为4升的无菌玻璃罐

容积为1升的无菌玻璃罐

一副树脂或乳胶手套

一块干净的紧织布，大小可以盖住玻璃罐的罐口

塑料绳

6个500毫升的无菌瓶子

1个塑料漏斗

5.发酵完成后，用木勺舀一点出来，查看泡沫并品尝味道。茶汤应该像香槟一样出现泡沫，味道类似苹果醋。如果太甜，可以多等一段时间，让其继续发酵。具体时间有待于实验，可能需要几天。

6.当康普茶制好后，将SCOBY取出放在小一点的罐子中。倒入750毫升制好的康普茶，盖上盖子。放入冰箱中冷藏2个月以上，可以再做下一批。

7.将剩下的康普茶经塑料漏斗倒入瓶子中，盖上瓶盖，静置几天，让其进行二次发酵，以产生更多的泡沫。发酵好后，将其放入冰箱中。如果想要饮用，在装瓶前加入新鲜的果汁或果脯汁，果汁与康普茶的比例为1:5。

咸焦糖阿萨姆奶茶（4人）

水温：100℃　冲泡时间：5~6分钟　类型：热饮　加奶：生奶油

咸焦糖酱一般需要专门购买，不过这里我们大可仿造一番。烟熏盐、蔗糖加上阿萨姆红茶的麦芽香为这种备受青睐的酱汁增添了甜咸兼具的味道。

3汤匙无盐黄油；
3汤匙蔗糖；
1/4茶匙烟熏盐；
900毫升沸水；
$3\frac{1}{4}$汤匙阿萨姆传统红茶，等级为显毫花橙黄白毫（TGFOP）；
120毫升生奶油，上茶时使用。

1. 将黄油、糖和盐放在一个碗中，倒入175毫升沸水，待糖和盐融化后，放置一旁。
2. 将茶叶放在一个茶壶中，倒入剩余的水，冲泡5~6分钟。
3. 将茶汤过滤到茶杯中，加入咸焦糖，搅拌。

品饮：在每杯茶表面放一块生奶油。

港式奶茶（4人）

水温：100℃　冲泡时间：1分钟　类型：热饮　加奶：炼乳

20世纪50年代，丝袜奶茶在香港流行起来。在加入奶和糖之前，茶汤要从一个茶壶过滤到另一个茶壶中，来回过滤6次。传统上，使用一个像长袜一样的棉质过滤网，奶茶也得名于此。

祁门红茶、阿萨姆红茶和锡兰红茶各1汤匙；
3汤匙糖；
2罐175毫升的罐装炼乳。

1.将900毫升水倒入煮锅中，用高火加热，水沸腾后加入茶叶，煮1分钟。把锅拿开，将茶汤过滤到另一个煮锅中。
2.将茶汤经盛有茶渣的过滤器倒回第一个锅中，如此重复五次。
3.在热气腾腾的茶汤中加入糖，充分搅拌。用煮锅加热牛奶，但不要煮沸，煮热后加到茶汤中。

品饮：将奶茶倒入茶杯中，趁热饮用。

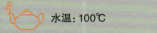

港式奶茶　此款奶茶细腻顺滑的口感源于炼乳。

巧克力无花果茶（4人）

水温：100℃　冲泡时间：5分钟　类型：热饮　加奶：牛奶（可选）

普洱茶的土味与黑无花果的甜味正好可以搭配。一定要使用可可含量高的黑巧克力，否则就无法充分品尝到这款茶的经典味道了。

10个风干的黑无花果；
900毫升沸水；
20克黑巧克力（70%纯度或更高），切碎；
4茶匙熟普洱茶。

1.用少量沸水浸泡干无花果2分钟，使其柔软，切成小块。
2.将巧克力与无花果放入茶壶中，加入175毫升沸水，搅拌。
3.将茶叶放入另一个茶壶中，加入其余的沸水，冲泡5分钟。将茶汤过滤到第一个茶壶中。
品饮：将混合的茶汤过滤到茶杯中，可以根据个人口味加入牛奶，趁热饮用。

西藏酥油茶（4人）

水温：100℃　冲泡时间：5分钟　类型：热饮　加奶：牛奶（可选）

传统而言，西藏酥油茶使用口感柔滑的牦牛奶为原料。咸味的酥油茶十分浓烈，是爱茶人不可错过的一款茶。如果希望口感更为细腻，可以少加一点盐，多加些黄油和奶。

2汤匙普洱茶；
1/4茶匙盐；
200毫升全脂奶或高脂厚奶油；
3汤匙无盐黄油。

特殊工具
搅拌机

1.将煮锅中倒入650毫升水，加入茶叶，用中火煮至沸腾。
2.加入盐后，继续煮1分钟，将锅端开。茶叶冲泡1分钟后过滤到另一个煮锅中。
3.边搅拌边加入牛奶，用文火煮1分钟，倒入搅拌机中，加入黄油，搅拌至出现泡沫。
品饮：将酥油茶倒入茶碗或马可杯中饮用。

果园玫瑰茶（4人）

水温：100℃ 冲泡时间：2分钟 类型：热饮 加奶：否

小豆蔻和玫瑰水可以给汤色明亮的锡兰红茶带来一种异域风味。不过，注意不要冲泡时间过长，否则茶汤会比较苦涩。苹果和蜂蜜会带来人们所喜爱的甘甜味道。

1个苹果，去核切片；
8个小豆蔻中的籽，碾碎；
1.5茶匙玫瑰水；
3茶匙蜂蜜；
870毫升沸水；
3.5汤匙锡兰红茶；
4片玫瑰花瓣或薄薄的苹果片，用于装饰。

1.将苹果、小豆蔻籽、玫瑰水、蜂蜜放入茶壶中，倒入175毫升沸水，冲泡4分钟。
2.将锡兰红茶放在另一个茶壶中，加入剩余的沸水，冲泡2分钟。
3.将茶汤过滤到第一个茶壶中，再泡3分钟。
品饮：将茶汤过滤到茶杯中，用一瓣玫瑰花瓣或一片苹果装饰。

辛辣锡兰茶（4人）

水温：100℃ 冲泡时间：2分钟 类型：热饮 加奶：否

有的人喜欢清饮锡兰红茶，而有的人则喜欢加些糖或蜂蜜。本款茶饮辣味十足，即使茶汤已经冷却，其中墨西哥辣椒的辣味也会让你感觉口有余温。

1.5个酸橙的皮；
7.5厘米墨西哥辣椒，斜着切成片，保留辣椒籽；
900毫升沸水；
3汤匙锡兰红茶；
4片酸橙，用于装饰。

1.将酸橙皮和辣椒放入茶壶中，加入200毫升沸水，静置冲泡。
2.将茶叶放入另一个茶壶中，加入剩余的沸水，冲泡2分钟。
3.将茶汤过滤到第一个茶壶中，再泡2分钟。
品饮：将茶汤过滤到茶杯中，放入一片酸柠檬装饰。

柚子阿萨姆冰茶（2人）

水温：100℃　冲泡时间：3分钟　类型：冷饮　加奶：否

柚子是亚洲一种柑橘类水果，口感清爽。虽然在西方不容易买到新鲜的柚子，不过亚洲店铺中大多会出售装在罐子里的糖渍柚子皮，只要用水把糖冲掉，切碎即可。橙花水可以弱化阿萨姆红茶浑厚的味道。

2汤匙柚子皮或是橙子和柠檬皮；
6滴橙花水；
2汤匙阿萨姆红茶；
450毫升沸水；
冰块。

特殊工具

捣拌棒或杵

1.将柚子皮平均放在两个平底玻璃杯中，每杯加入3滴橙花水，用捣拌棒或杵捣碎。
2.将茶叶放入另一个茶壶中，加入沸水，冲泡3分钟。
3.将茶汤过滤到平底玻璃杯中，待其冷却。
品饮：加入冰块，搅拌后饮用。

茶园冰茶（2人）

水温：100℃　冲泡时间：2分钟　类型：冷饮　加奶：否

锡兰红茶若单独饮用味道醇厚芳香，但与味道不同的其他原料也可以搭配得很好。罗勒的甘草特性会表现出来，而柿子增加了一丝甘甜的味道。

2汤匙撕碎的新鲜罗勒叶，
或1汤匙干罗勒叶；
一捏柠檬皮；
4汤匙新鲜的柿子，切块
或3汤匙干柿子，切块；
2汤匙锡兰红茶；
500毫升沸水；
冰块。

特殊工具

捣拌棒或杵

1.将罗勒叶和柠檬皮平均放到两个平底玻璃杯中，用捣拌棒或杵捣碎。
2.将柿子加到玻璃杯中。
3.将茶叶放到一个茶壶中，加入沸水，冲泡2分钟。
4.将茶汤过滤到玻璃杯中，待其冷却。
品饮：加入冰块后饮用。

高山秋摘茶（2人）

水温：无　　冲泡时间：8小时　　类型：冷饮　　加奶：否

冷泡茶的妙处在于让茶叶慢慢释放味道，最后茶汤的味道更加甘甜。大吉岭红茶的醇熟加上葡萄的甘甜，此款茶绝对值得等待。

15颗无籽绿葡萄，切片；
3茶匙大吉岭红茶（秋摘茶）。

特殊工具
捣拌棒或杵

1.用捣拌棒或杵将一半的葡萄捣碎，放入容积为750毫升的带盖水壶中，同时将剩余的葡萄和茶叶也放入其中。
2.倒入500毫升凉水，搅拌后盖上盖子，放冰箱中静置8小时。
品饮：将茶汤倒到两个平底玻璃杯中饮用。

云南金尖冰茶（2人）

水温：100℃　　冲泡时间：2分钟　　类型：冷饮　　加奶：否

云南金尖滋味醇厚，可以与橙子的味道形成互补。加入少量橙子和香草，此款冷饮将果香满溢。

1/2茶匙橙皮；
1茶匙蔗糖；
1厘米香草豆，切片，
　或几滴纯香草精油；
3茶匙云南金尖；
500毫升沸水；
冰块；
2片橙子，用于装饰。

1.将橙皮、糖和香草放入一个较大的隔热玻璃罐中。
2.将茶叶放入茶壶中，加入热水，冲泡2分钟。
3.将茶汤过滤到玻璃罐中，搅拌后静置冷却。
品饮：冷却后加入冰块，倒到两个平底玻璃杯中，每杯放入一片橙子，用作装饰。

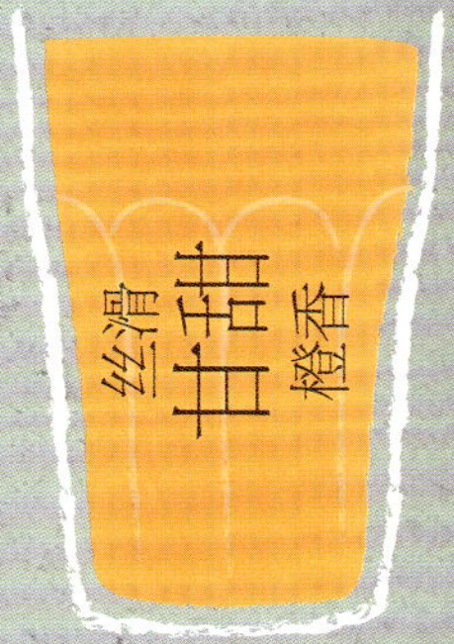

印度拉茶（两人份）

印度拉茶最初出现在殖民地时期的印度，后来受到全世界饮茶人的青睐。不同种类的香料赋予这款可口的热饮多种多样的味道。

印度的大街小巷随处可见茶摊，有时是一个带有屋顶的小茶摊，有时只是在地上摆了一个茶壶和火炉，别无其他。有些茶摊形成了一套泡茶工序，体现了卖茶人的精心与娴熟，其中包括往牛奶和茶叶中加香料、过滤茶汁、将平底锅中的茶汁从1米多的高度倒入另一个平底锅中。

需要准备

6粒丁香；
2粒八角；
7.5厘米肉桂棒；
5颗小豆蔻；
5厘米鲜姜，切片；
1上尖汤匙阿萨姆红茶；
400毫升水牛奶或全脂奶；
3~4汤匙糖或蜂蜜。

特殊工具

研钵

1.除了姜片以外，将所有香料放入研钵中。用研杵研磨，将其研成小块，这时会明显闻到一股暖暖的香气。

2.将研碎的香料、姜片和茶叶放到平底锅中，用中火加热3~4分钟，使香料和茶叶的香气释放出来。用木勺不断搅拌，防止烧焦。

阿萨姆红茶的浓郁和苦涩可以盖住香料的浓烈，可谓绝配。

3.往锅中加入650毫升水，用高火煮沸，然后用低火慢煮，同时用木勺搅拌。

4.加入牛奶和糖，同时不要停止搅拌，继续慢煮两分钟，让原料充分融合。将锅端起，过滤茶汤至茶壶中。

品饮

将奶茶以至少30厘米的高度倒入马克杯或茶杯中，这样表面会形成一层泡沫。

百变拉茶

在182~183页印度拉茶配方的基础上，你可以根据个人口味加入不同的原料，比如巧克力、白酒。如果你想通过喝茶达到热血涌动的效果，甚至可以加入辣椒。不过，可不要加入酸味的水果，因为这会成为此款茶的一处败笔。

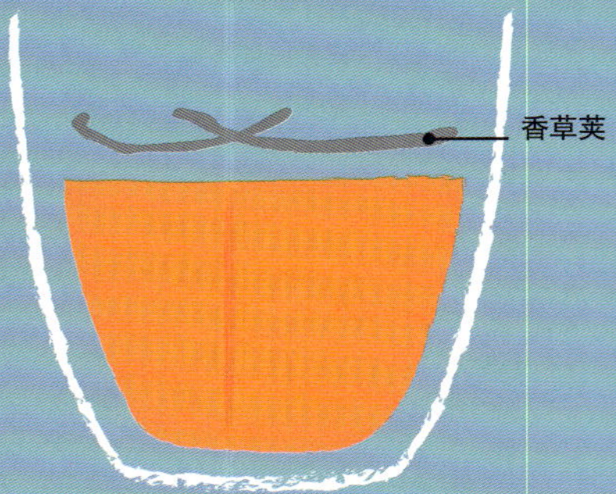

香草拉茶

在开始转为低火慢煮时，加入2.5厘米剥开的香草荚，或者在慢煮结束时加入几滴香草或杏仁精油。

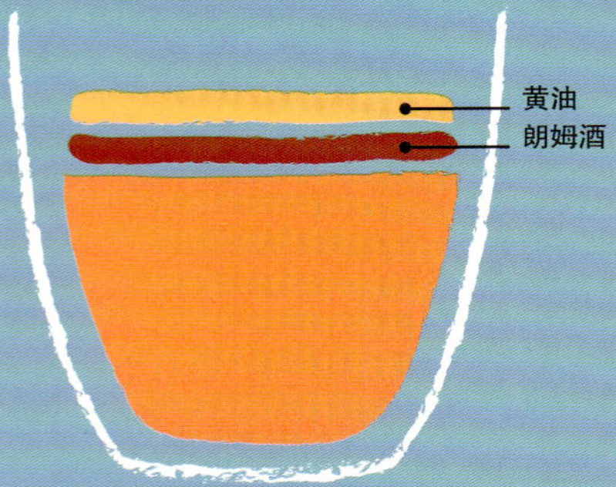

黄油朗姆酒拉茶

上茶之前，每杯拉茶中加入2汤匙朗姆酒和1茶匙黄油。如果喜欢烈一点，可以多加一些朗姆酒。

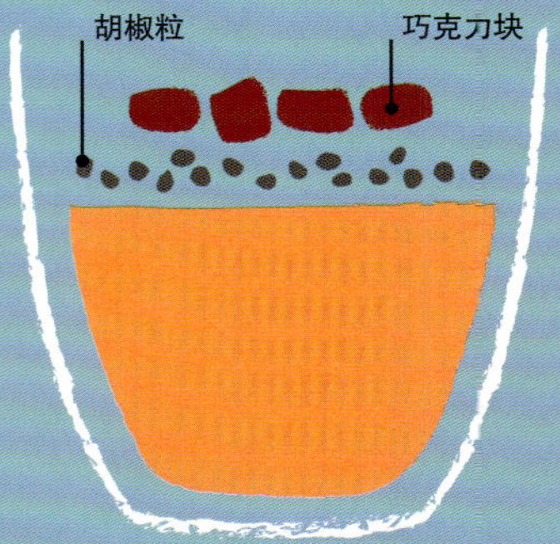

奇味拉茶

这是由香料、胡椒和巧克力调饮而成的可口茶饮。开始时加入1/4茶匙黑胡椒，最后加入25克黑巧克力。可以根据自己的口味调整每种原料的比重。如果加多了，可以加些牛奶调和。

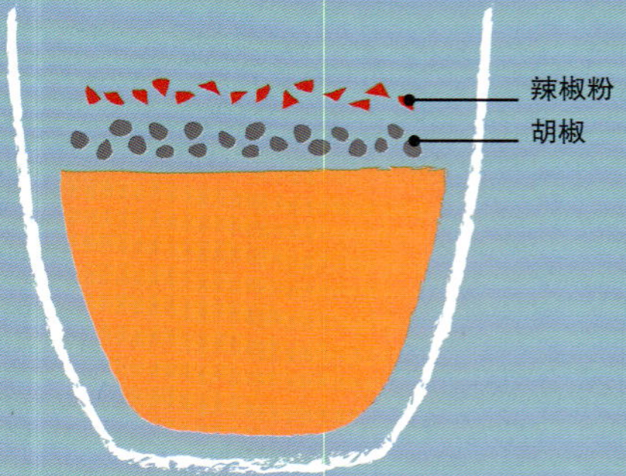

麻辣拉茶

在研磨阶段，加入1/4茶匙黑胡椒和/或辣椒粉。不要深呼吸，否则刺激的调料会让你咳嗽不止。在一些传统的拉茶配方中，常常会发现胡椒，这主要取决于具体的地区。

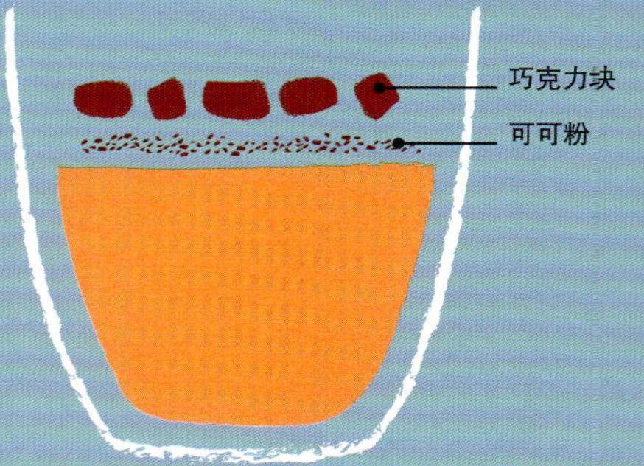

巧克力拉茶

这是一款类似于甜品的浓郁拉茶。慢煮过后，也就是过滤前，加入1汤匙无糖可可粉或15克巧克力。如果想喝一杯口感润滑的白巧克力拉茶，可以加入20克白巧克力。

做拉茶时，厨房会香飘四溢。

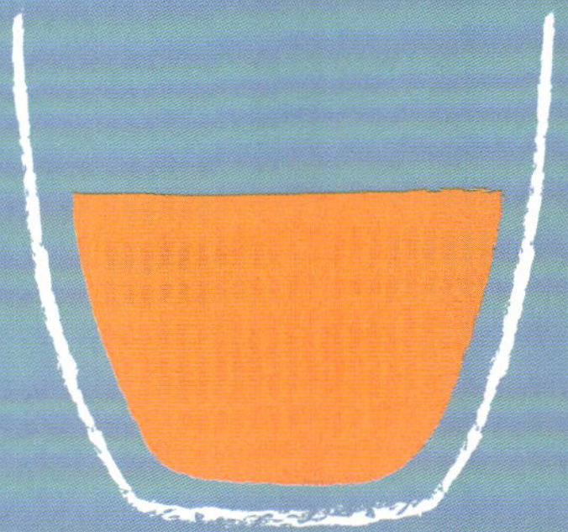

翡翠拉茶

印度克什米尔地区做拉茶时用的是绿茶。全球各地都有绿茶的踪迹，所以这是阿萨姆红茶一个很好的替代品。使用绿茶时，少加一些丁香和肉桂，多加些小豆蔻。

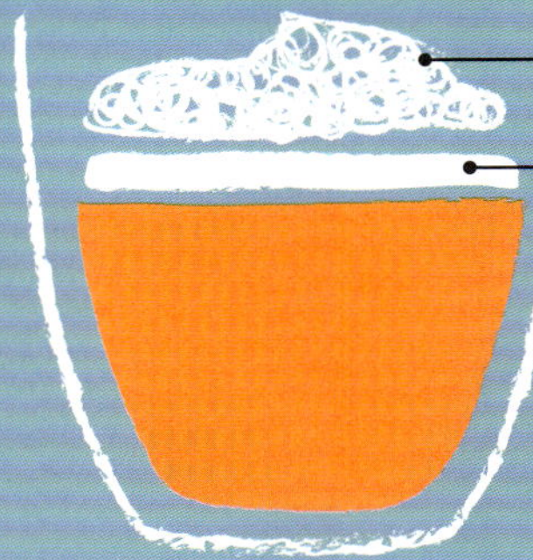

拉茶拿铁

单独加热一些全脂牛奶，用手持式搅拌机或打奶器打出泡沫，加到拉茶的上面。如果喜欢，可以用杏仁奶或可可奶代替牛奶。

拉茶浓缩汁

如果打开冰箱，就发现其中有现成的拉茶浓缩汁，可以加到冰沙中或快速冲一杯冰茶，这该多么美好。当然，也可以温一些牛奶，然后加一两勺浓缩汁，具体加多少就看个人口味了。这种浓缩汁很容易做，不过从茶变为浓缩汁是需要一点点时间的。

原料

3汤匙阿萨姆红茶；
1.2升水；
1个香草荚，分开；
2茶匙姜末；
5个丁香；
10个碾碎的小豆蔻；
1茶匙茴香子；
3个肉桂棒；
1茶匙豆蔻粉。

1.将所有原料放入平底锅中，用中火加热，煮沸后慢炖30分钟左右，直到水剩下1/3左右。

2.将茶汤过滤到水壶或瓶子中，冷却后放入冰箱中。

蜜桃阿萨姆拿铁（2人）

水温：100℃　冲泡时间：3分钟　类型：拿铁　加奶：椰浆

浓郁的椰浆是做此款拿铁的绝佳选择。其中的水果味需要再甜一些，而香草糖正好可以完成这项使命。本款饮品可以当作甜品，或者是周末早餐、午餐一起吃时对自己的犒劳。

1个蜜桃，去核切片
或者桃子罐头，洗净；
650毫升沸水；
3汤匙阿萨姆红茶；
6茶匙香草糖；
150毫升罐装椰浆上层厚厚的油脂，
外加2茶匙下面的椰奶。

特殊工具

手持式搅拌机

1.将桃片放入茶壶中，加入沸水，漫过桃子即可。
2.将茶叶放入另一个茶壶中，加入剩余的沸水，冲泡3分钟。将茶汤过滤到第一个茶壶中，再泡2分钟。
3.将茶汤倒入碗中，加入糖、椰浆和椰奶。用手持式搅拌机充分搅拌，形成漂亮的泡沫。
品饮：上面放一点椰浆，趁热饮用。

酸橙拿铁（2人）

水温：100℃　冲泡时间：3分钟　类型：拿铁　加奶：杏仁奶

制作本款拿铁时，最好使用优质的酸橙酱。酸橙酱的酸苦可以很好地搭档浓烈的阿萨姆红茶。杏仁奶会带来浓郁而甘甜的口感。

3汤匙阿萨姆红茶；
650毫升沸水；
24毫升杏仁甜牛奶；
2汤匙酸橙酱。

1.将茶叶放入茶壶中，加入沸水，冲泡3分钟。过滤茶汤，去除所有茶叶。
2.用文火在平底锅中热杏仁奶，其中加入酸橙酱，加热至酸橙酱完全融化。
3.端起平底锅，过滤掉橙皮，倒入茶壶中。
品饮：将茶汁以一定高度倒入茶杯中，上面会形成一层泡沫，立即饮用。

巧克力普洱鸡尾酒（2人）

水温：100℃　冲泡时间：2分钟　类型：鸡尾酒　加奶：无

巧克力和普洱茶的味道均具有浓香醇厚的特色，所以常常搭配到一起。在本款鸡尾酒中，普洱茶、巧克力苦味酒和白朗姆酒加在一起，铸就了一款浓郁醇和的怡人饮品。

3汤匙普洱茶；
300毫升沸水；
120毫升白朗姆酒；
4茶匙巧克力苦味酒；
冰块。

特殊工具

鸡尾酒调酒器

1.将茶叶放入茶壶中，倒入沸水，冲泡2分钟。
2.将茶汤倒入鸡尾酒调酒器中，待其冷却后，加入白朗姆酒、巧克力苦味酒，再用冰块加满调酒器。
品饮：用力摇晃几秒钟，过滤到鸡尾酒杯中，即可饮用。

加强型阿萨姆红茶鸡尾酒（2人）

水温：100℃　冲泡时间：3分钟　类型：鸡尾酒　加奶：无

本款饮品属于一种开胃酒，味道像是加强型的“茶香鸡尾酒”。除了阿萨姆红茶之外，还可以使用其他红茶。在冰箱中可以冷藏几个星期，如果是冷冻，则可以存放6个月。这款鸡尾酒也可以作为冰茶的一种配料。

1汤匙阿萨姆红茶；
240毫升沸水；
3汤匙糖；
175毫升半干雪利酒；
4片柠檬，用于装饰。

1.将茶叶放到茶壶中，加入沸水，冲泡3分钟。
2.将茶汁过滤到平底锅中，加入糖。
3.用高火煮大约15分钟，直到汤汁收到原来的1/3。
4.待冷却后加入雪利酒。
饮品：将饮品倒入雪利酒杯或葡萄酒杯中，放入几片柠檬装饰。

祁门亚历山大　这款以巧克力为基调的鸡尾酒带有麦芽香，晚上饮一杯绝对是一种享受。

祁门亚历山大（2人）

水温：100℃　冲泡时间：3分钟　类型：鸡尾酒　加奶：高脂厚奶油

有一款经典的杜松子酒名为“亚历山大”，大约发明于1910年，本款鸡尾酒就是对亚历山大的一次致敬。原来的可可香草甜酒替换成了巧克力苦味酒、具有麦芽香的祁门红茶和高脂厚奶油。与此同时，亚历山大摇身变成了一款美味醇香的鸡尾酒。

2汤匙祁门红茶；
400毫升沸水；
20克黑巧克力；
120毫升杜松子酒；
1茶匙巧克力苦味酒；
3汤匙高脂厚奶油。

1.将茶叶放入茶壶中，加入沸水，冲泡3分钟。
2.将茶汤过滤到水壶中，加入巧克力，搅拌至融化，静置冷却。
3.冷却后加入杜松子酒、巧克力苦味酒和高脂厚奶油，搅拌使其混合。
品饮：倒入鸡尾酒杯中，并在酒杯边缘加一圈糖。

长岛冰茶（2人）

水温：无　冲泡时间：无　类型：鸡尾酒　加奶：否

这款经典的美国鸡尾酒唯一与茶相似的地方就是颜色。表面上看，这就像一款冰茶，但可不要上当，这绝对是一款让人易醉的酒，全无一点茶的味道。

杜松子酒、龙舌兰酒、伏特加、白朗姆酒、橙皮香甜酒和单糖浆各30毫升；
60毫升柠檬汁；
120毫升可乐；
冰块；
2个柠檬角，用于装饰。

特殊工具
鸡尾酒调酒器

1.除了可乐之外，将所有液体原料装入调酒器中，加入足量的冰块充满调酒器，然后用力摇几秒钟。
2.在柯林杯中装一些冰块，将混合液体过滤到杯中，最上面倒上可乐。
品饮：每个玻璃杯用一个柠檬角装饰，即可饮用。

普洱桑格利亚汽酒（4人）

水温：100℃　冲泡时间：4分钟　类型：鸡尾酒　加奶：否

桑格利亚汽酒的绝妙之处就是可以提前制作。在冰箱里放上几个小时，口味会更好。水果吸收了葡萄酒、白兰地和普洱茶的味道之后，形成一道水果盛宴。另外，别忘了准备好勺子！

1个桃子，去核切片；
12颗草莓，切片；
1个橙子，切瓣；
2汤匙普洱茶；
240毫升沸水；
75毫升金万利香橙力娇酒；
400毫升红葡萄酒；
冰块。

1.将水果放入1.4升的玻璃罐中。
2.将茶叶放入茶壶中，加入沸水，冲泡4分钟
3.到茶汤冷却后，倒入玻璃罐中，加入金万利、葡萄酒和冰块，充分搅拌。
品饮：用葡萄酒杯品饮。

季风鸡尾酒（4人）

水温：100℃　冲泡时间：无　类型：鸡尾酒　加奶：否

在本款融合了茶、酒和柠檬的饮品中，锡兰红茶浓缩汁代表着醇厚的茶香，即使加入了伏特加，茶香依旧明显。柠檬酒则兼具柠檬和糖的酸甜。

4汤匙锡兰红茶浓缩汁：
　1汤匙锡兰红茶
　240毫升沸水
　3汤匙糖
伏特加和柠檬酒各60毫升；
冰块；
200毫升苏打水；
4片柠檬，用于装饰。

特殊工具
鸡尾酒调酒器

1.按照187页介绍“加强型阿萨姆红茶鸡尾酒”时讲到的阿萨姆浓缩汁的制作方法，制作锡兰红茶浓缩汁。
2.将伏特加、柠檬酒和锡兰红茶浓缩汁放入鸡尾酒调酒器中，用力摇晃1分钟。
品饮：在鸡尾酒杯中放入半杯冰块和苏打水，然后将酒过滤到酒杯中，再放上一片柠檬作为装饰。

香塔茶（4人）

水温：80℃　冲泡时间：2分钟　类型：热饮　加奶：否

君山银针属于黄茶，产于湖南省洞庭湖，由鲜嫩的芽头制成，味道清雅。接骨木花利口酒有点儿喧宾夺主，但却可以凸显茶叶的甘甜。

3茶匙君山银针；
900毫升水加热至80℃；
10滴接骨木花利口酒。

1.将茶叶放入茶壶中，加入热水，冲泡2分钟。
2.过滤茶汤之前加入接骨木花利口酒。留一些茶叶作为装饰。
品饮：将茶汤过滤到茶杯或马克杯中，用留下的茶叶作为装饰。

颐和园冰茶（2人）

水温：80℃　冲泡时间：2分钟　类型：冷饮　加奶：否

霍山黄芽味道清雅，具有淡淡的烘焙香。制成冰茶后，口感清爽解渴。杨桃赋予了该款茶饮类似苹果的香甜。品饮时，口中会有淡淡的青草和水果香。

1个杨桃，切片，
　外加两片薄薄的杨桃，用于装饰；
100毫升沸水，
　外加400毫升水加热至80℃；
1汤匙霍山黄芽；
2茶匙蜂蜜；
冰块。

1.将杨桃放入茶壶中，加入沸水，冲泡1分钟。
2.将茶叶和热水加入茶壶中，再泡2分钟。
3.将茶汤过滤到2个平底玻璃杯中，加入蜂蜜搅拌，待其冷却后加入冰块，再次搅拌。
品饮：放入一片杨桃装饰后，即可饮用。

珍珠奶茶（两人份）

珍珠奶茶得名于其中耐嚼的木薯粉圆。粉圆亦称“波霸”，口味多样，可以为奶茶增加质感、甜味以及视觉享受。20世纪80年代初，珍珠奶茶出现于台湾，随即火遍全球，成为一款多变有趣的饮品。

如何制作香芋珍珠奶茶

香芋珍珠奶茶以香芋以基本原料，呈可爱的淡紫色，像奶昔一样润滑，受到很多人的青睐。木薯珍珠则为这款饮品增加了趣味性。木薯珍珠用木薯淀粉做成，既柔然又耐嚼，会落在平底玻璃杯的底部，需要用一根粗大的吸管吸食。

需要准备

原料

150克木薯珍珠（足够4人饮用）；

225克蔗糖；

200克芋头，去皮切碎；

蜂蜜或糖。

特殊工具

手持式搅拌机

1.在一个大平底锅中加入2升水，煮沸后加入木薯珍珠，慢煮1~2分钟，直到珍珠变软并浮至水面。降为中火，盖上盖子再煮5分钟。

2.用漏勺将木薯珍珠捞出，放在一碗凉水中，防止粘连。烧240毫升糖水，煮2分钟，冷却后将珍珠放入，浸泡15分钟。

芋头

芋头富含钾和纤维，食用方法多种多样，可以烧、煮或烘焙。

3.将芋头煮20分钟直至变软，过滤后放入搅拌机中，同时加入清水或牛奶。另外，根据口味加入蜂蜜或糖。倒入两个平底玻璃杯中，加入准备好的珍珠，至玻璃杯1/4处。

香芋珍珠奶茶　这款怡人的饮品最好使用刚做好的木薯珍珠。

如何制作“爆爆珠”

“表面胶化成球”（spherification）是一种将液体塑形成球体的烹饪方法。目前，这种分子烹饪技术已经广泛用于世界各地的珍珠奶茶中。另外，可以尝试在爆爆珠中加入各种果汁和茶汤，用其代替传统的木薯珍珠。

需要准备

材料

60克海藻酸钠；

10克氯化钙；

果汁、草本茶或茶汤，用于调味。

特殊工具

手持式搅拌机

注射器或挤压瓶

1.将海藻酸钠放在一个深碗中，加入650毫升水，搅拌5~10分钟；然后倒入一个2升的锅中，煮沸后倒入碗中，待其完全冷却。

2.在另一个碗中，加入果汁或浓茶汤，以及冷却的海藻酸钠，比例为2:3。再准备一个深碗，用2升水溶解氯化钙，搅拌1~2分钟，形成无色液体。

如果你不想花太多的时间来制作“爆爆珠”，可以将原材料减半。

3.用注射器或挤压瓶将海藻酸钠等的混合物挤到氯化钙溶液中，一次一滴。

4.用漏勺将爆爆珠捞出，立刻食用，否则几个小时后就会变硬。在2个平底玻璃杯中倒上自己喜欢的茶，放入1/4爆爆珠，然后就可以饮用了。

爆爆珠　这种里面含有果汁或其他饮品的小球会给任何一款珍珠奶茶增加一份惊喜的元素。

口味繁多的珍珠奶茶

一旦学会了192页传统珍珠奶茶的做法，就可以开始尝试各种各样的口味，比如不同的茶、草本茶和果汁等，一探珍珠奶茶的多面性。希望下面这些例子可以起到抛砖引玉的作用。

红茶芒果味

将味道圆熟的阿萨姆红茶与芒果混合，加入生蜂蜜，饮用前加入纯木薯波霸，绝对美味无比。

菠萝椰子味

将菠萝块与椰汁混合，加入菠萝汁爆爆珠。

拉茶味

做好传统拉茶，不过可以加一些牛奶巧克力波霸，增加一些惊喜。

抹茶薄荷味

在薄荷茶中打一些抹茶粉，加入薄荷茶波霸。

巧克力杏仁奶味

将未加糖的可可粉、温杏仁奶和生蜂蜜混合在一起，加入木薯波霸。

铁观音味

在清香的乌龙茶中加入杏汁波霸。

基本配比

2个平底玻璃杯
500毫升茶汤
240毫升果泥（如果未做特殊说明）
240毫升波霸
6个冰块（如果未做特殊说明）

耐嚼的波霸给此款饮品增加了质感与趣味。

珠茶椰奶味

将珠茶与椰奶混合在一起，加入椰奶波霸。

寿眉米奶味

将寿眉与加热的甜米奶混合，加入梨汁波霸。

洋甘菊杏仁奶味

将准备好的洋甘菊茶和温杏仁奶混合，加入菠萝汁波霸。

薄荷蜂蜜味

将胡椒薄荷、冰块和生蜂蜜混合，加入柠檬波霸。

橙子菠萝洋甘菊味

将洋甘菊、水果、冰块和生蜂蜜混合，加入椰奶波霸。

姜汁杏仁奶味

将甜杏仁奶和姜末加热，过滤后加入姜汁波霸。

橙皮图尔西茶（4人）

水温：100℃　　冲泡时间：5分钟　　类型：热饮　　加奶：否

图尔西，亦称圣罗勒，具有辛辣甘甜的香气，会让人想起黑胡椒和茴香。如果与橙子和肉桂搭配，会释放出刺激的味道。

3根肉桂棒，每根7.5厘米长，碾碎；
3茶匙橙皮，
　外加4片橙子，用于装饰；
870毫升沸水；
4汤匙图尔西叶。

1.将肉桂和橙皮放入茶壶，加入120毫升沸水，放在一旁。
2.将图尔西叶放在另一个茶壶中，加入剩余的沸水，冲泡5分钟。
3.将图尔西汤汁过滤到第一个茶壶中。
品饮：将汤汁过滤到马克杯中，每杯放入一片橙子用于装饰。

苹果姜末路易波士茶（4人）

水温：100℃　　冲泡时间：6分钟　　类型：热饮　　加奶：否

路易波士茶本身就带有果香，这一特性在水果和香料的映衬下会更为突出。新鲜的姜和苹果会让此款草本茶更甜更爽。对于咽喉痛的人来说，绝对会达到意想不到的效果。此外，本款茶不含咖啡因，但却是晚间很好的提神饮品。

1个苹果，去核切片，
　外加4片薄薄的苹果，用于装饰；
1/2茶匙姜末；
870毫升沸水；
3汤匙路易波士茶。

1.将苹果和姜末放入茶壶中，倒入120毫升沸水，放置一旁冲泡。
2.将路易波士茶放入另一个茶壶中，加入剩余的沸水，冲泡6分钟。
3.将茶汤过滤到第一个茶壶中，再泡1分钟。
品饮：将茶汤过滤到茶杯或马克杯中，每杯加入一片苹果，用于装饰。

海滨别墅茶 （4人）

水温：100℃　冲泡时间：5分钟　类型：热饮　加奶：否

地中海美食中经常使用月桂树叶，月桂树叶有一种可口的青草味。将甜香的茶汤倒出后，一定要立刻品尝一下其中的无花果。

8颗无花果，切片；
3片新鲜或风干的月桂树叶，撕碎；
一捏甘草根粉；
900毫升沸水。

特殊工具

捣拌棒或杵

1.将无花果放入碗中，用捣拌棒或杵捣碎。
2.将捣碎的无花果和月桂树叶放入茶壶中，加入甘草根粉，倒入沸水，冲泡5分钟。
品饮：将汤汁过滤到茶杯中，趁热饮用。

烤菊苣抹茶（4人）

水温：100℃　冲泡时间：5分钟　类型：热饮　加奶：牛奶（可选）

生可可豆味道略苦，但富含抗氧化成分。烤菊苣一直被用作咖啡的替代品，有助于排除体内的毒素，并促进消化。两者的优势合在一起，搭配出这款有益健康的饮品。

2汤匙粗研的烤菊苣根；
12个生可可豆，碾碎；
900毫升沸水；
蜂蜜或糖，用于调味；
4块黑巧克力，作为搭配。

1.将烤菊莴根和可可豆（含壳）放入茶壶中。
2.加入沸水，冲泡4分钟。
3.过滤到茶杯或马克杯中，根据口味加入蜂蜜或糖。
品饮：上茶时，每杯搭配一块黑巧克力。

覆盆子柠檬马鞭草茶（4人）

水温：100℃ 冲泡时间：4分钟 类型：热饮 加奶：否

覆盆子会让茶汤呈现出漂亮的珊瑚色。柠檬马鞭草具有安神舒缓的作用，是一种可以促进消化的天然补品，会赋予本款草本茶有益健康的功效，其中的柠檬味有些刺激但并不酸。

10颗新鲜或冷冻的大个覆盆子，
外加4个，用于装饰；
3汤匙干柠檬马鞭草；
900毫升沸水。

特殊工具

捣拌棒或杵

1.将覆盆子放入茶壶中，用捣拌棒或杵捣碎。
2.加入柠檬马鞭草，倒入沸水，冲泡4分钟。
品饮：将茶汤过滤至茶杯或马克杯中，每杯用一颗覆盆子装饰。

红灌木草地茶（4人）

水温：100℃ 冲泡时间：4分钟 类型：热饮 加奶：否

在这款经典的草本茶中，所有的原料都是干的。洋甘菊和薰衣草具有宁神、舒缓和放松的作用。路易波士茶富含抗氧化剂，为此款草本茶带来浓郁的味道和漂亮的琥珀色。

1汤匙路易波士茶；
3汤匙洋甘菊，
额外准备一些，用于装饰；
大约30朵薰衣草花蕾
额外准备一些，用于装饰；
900毫升沸水；

1.将路易波士茶、洋甘菊和薰衣草花放到茶壶中，加入沸水，冲泡4分钟。
2.将茶汤过滤到茶杯或马克杯中。
品饮：用一些薰衣草和洋甘菊作为装饰。

覆盆子柠檬马鞭草茶　此款草本茶颜色明亮，果香浓烈，同时具有宁神之功效。

春意满杯（4人）

水温：100℃　冲泡时间：5分钟　类型：热饮　加奶：否

接骨木花香馥浓郁，所以在本款草本茶中仅需少量即可。桑树叶在这里扮演着天然甜味剂的角色。两种草本植物加在一起，巧妙地达成了一种平衡。

5汤匙桑树叶；
2茶匙干接骨木花；
900毫升沸水。

1.将桑树叶和接骨木花放入茶壶中。
2.加入沸水，冲泡5分钟。
品饮：将茶汤过滤到茶杯或马克杯中，趁热饮用。

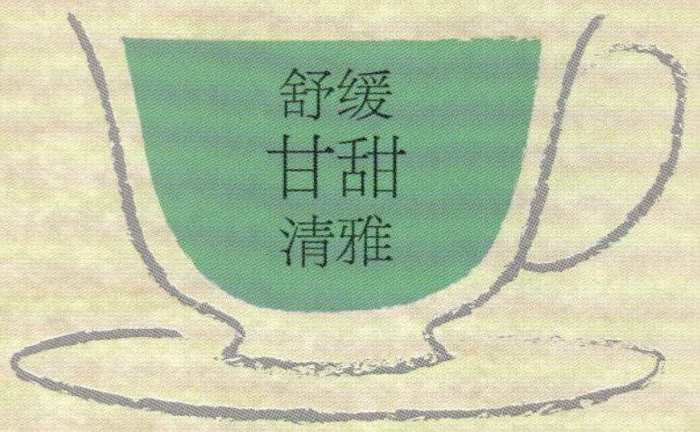

茴香柠檬草茶（4人）

水温：100℃　冲泡时间：5分钟　类型：热饮　加奶：否

柠檬草具有很强的抗氧化性，而茴香也有很多好处，比如促进消化、消炎、排毒等。这两种原料为这款香甜醒脑的草本茶赋予了很大的益处。

1个梨，去核切片；
$1\frac{1}{2}$茶匙干柠檬草；
1茶匙茴香籽；
900毫升沸水。

1.将一半的梨用捣拌棒或杵捣碎，将其放到茶壶中，同时放入剩下的一半梨、柠檬草和茴香籽。
2.加入沸水，冲泡5分钟。
品饮：将茶汤过滤到茶杯或马克杯中，趁热饮用。

特殊工具
捣拌棒或杵

竹叶洋甘菊菠萝茶（4人）

水温：100℃　冲泡时间：5分钟　类型：热饮　加奶：否

竹叶轻如羽毛，冲泡后的汤汁是漂亮的绿色。如果不想摄入咖啡碱，竹叶可以代替绿茶用来提神。加入的菠萝可以提升洋甘菊天然的果香。

8汤匙干竹叶
额外准备一些，用于装饰；
1汤匙干洋甘菊；
65克菠萝，切块；
900毫升沸水。

1.将竹叶、洋甘菊和苹果放入茶壶中。
2.加入沸水，冲泡5分钟。
品饮：将茶汤过滤到白瓷杯中，以衬托亮绿的茶汤。用一些竹叶作为装饰，趁热饮用。

玫瑰果柠檬姜茶（4人）

水温：100℃　冲泡时间：5分钟　类型：热饮　加奶：否

本款草本茶的原料十分经典，且具有很好的健康功效。玫瑰果富含维生素C，而姜和柠檬具有抗感冒和消炎的作用。

20克干玫瑰果（约25个），碾碎；
1/2茶匙姜末；
1/2茶匙柠檬皮，
外加4片薄薄的柠檬，用于装饰；
900毫升沸水；
蜂蜜，用于装饰（可选）。

1.将玫瑰果、姜末和柠檬皮放入茶壶中，加入沸水。
2.冲泡5分钟，然后过滤到茶杯或马克杯中。
品饮：每杯放入一片柠檬装饰，如果需要，可以加点蜂蜜，趁热饮用。

玫瑰路易波士茶（2人）

水温：100℃ 冲泡时间：5分钟 类型：冷饮 加奶：否

说到与其他味道的混合，路易波士茶可谓佼佼者。此外，路易波士茶的茶汤是漂亮的琥珀色，可以与玫瑰花蕾和香草荚拼配出很好的草本茶。

2汤匙略微研碎的玫瑰花蕾；
1汤匙路易波士茶；
11/2厘米香草荚，分开；
500毫升沸水；
冰块。

1.留出两朵玫瑰花蕾，用于装饰。将剩下的玫瑰花蕾、路易波士茶和香草荚放入茶壶中，加入沸水，冲泡5分钟。
2.将茶汤过滤到玻璃茶杯中，静置冷却。
品饮：加入冰块，搅拌，每杯放一朵玫瑰花蕾作为装饰。

黄瓜冰茶（2人）

水温：100℃ 冲泡时间：5分钟 类型：冷饮 加奶：否

通过原料一眼便可看出这是一款夏日饮品。就配方而言，最好使用新鲜的罗勒叶和薄荷叶，因为如果使用干叶子，茶汤可能不会那么明快。本款草本茶味道清爽，可以消暑解渴。

1汤匙撕碎的薄荷叶；
1汤匙撕碎的罗勒叶；
半根黄瓜，切片；
500毫升沸水；
冰块。

特殊工具
捣拌棒或杵

1.用捣拌棒或杵将薄荷叶和罗勒叶捣碎，直到出现汁液。
2.将叶子放入茶壶中，加入沸水，冲泡5分钟，静置冷却。
3.将黄瓜片平均放在2个平底玻璃杯中，倒入冷却好的汤汁。
品饮：加入冰块后饮用。

玫瑰路易波士茶　这款不含咖啡碱的冰茶香甜可口，颜色明亮。

五九月间（2人）

水温：100℃ 冲泡时间：5分钟 类型：冷饮 加奶：否

接骨木花在夏初绽放，而接骨木果象征着夏天的结束，所以使用风干的花和果即可。深红色的接骨木果为温暖秋日奉上了本款典雅的冰茶。

1汤匙干接骨木花；
$1\frac{1}{4}$茶匙干接骨木果；
500毫升沸水；
1茶匙蜂蜜；
冰块。

1.将接骨木花和接骨木果放入茶壶中，加入沸水，冲泡5分钟。

2.将汤汁过滤到玻璃罐中，加入蜂蜜 搅拌后冷却。留一些冲泡后的接骨木花作为装饰。

品饮：倒入两个平底玻璃杯中，加入冰块搅拌。用留下的接骨木花作为装饰。

红花苜蓿茶（2人）

水温：100℃ 冲泡时间：5分钟 类型：冷饮 加奶：否

洋甘菊具有浓厚的香甜味，所以本款草本茶中仅需少量，否则会盖过红花苜蓿的味道。两种草本植物均具有宁神的作用，苹果则具有消炎的效果。

1汤匙干洋甘菊；
3汤匙干红花苜蓿；
　略微撕开；
1个大个苹果，切成薄片，
　外加4片苹果，用于装饰；
500毫升沸水；
冰块。

1.将洋甘菊、红花苜蓿、苹果放入茶壶中，加入沸水，冲泡5分钟。

2.将茶汤过滤到玻璃罐中冷却。

品饮：将茶汤倒入两个平底玻璃杯中，加入冰块搅拌，放入苹果片作为装饰。

冰姜马黛茶（2人）

水温：90℃　冲泡时间：5分钟　类型：冷饮　加奶：否

传统而言，南美的马黛茶一般用葫芦做成的杯子盛装，用吸管饮用，并在客人中传递品饮。这里介绍一款简单的冰茶，其中的姜和蜂蜜带来了一定的活力。

2汤匙马黛茶；
1/2茶匙姜末；
500毫升水加热至90℃；
1茶匙蜂蜜；
冰块。

1.将马黛茶、姜末放入水壶中，加入热水，冲泡5分钟。
2.将茶汤过滤到玻璃罐中，加入蜂蜜搅拌，静置冷却，然后放入冰箱。
品饮：将茶汤倒到两个平底玻璃杯中，加入冰块。

茴香黑樱桃茶（2人）

水温：100℃　冲泡时间：5分钟　类型：冷饮　加奶：否

茴香具有天然的甜味和明显的甘草香，可以很好地搭配黑樱桃中的果糖，并给这杯果饮带来意想不到的辛辣味道。

20颗新鲜或冰冻的黑樱桃，去核切半，另外准备几颗，用于装饰；
1茶匙茴香籽；
500毫升沸水；
冰块。

特殊工具
捣拌棒或杵

1.将樱桃放入茶壶中，用捣拌棒或杵捣碎，加入茴香籽和沸水，冲泡5分钟。
2.将茶汤过滤到一个玻璃罐中，冷却，再放入冰箱中。
3.加入冰块搅拌。
品饮：将茶汤倒入两个平底玻璃杯中，用准备好的樱桃装饰。

酸橙马黛茶（2人）

水温：100℃　冲泡时间：5分钟　类型：冷饮　加奶：否

马黛茶，冬青科，是南美一种古老的草本植物。虽略有苦味，但一些传统人士从未想过增加一些甜味。在本款草本茶中，甘草起到了甜化的作用，而酸橙又中和了甜味。

2汤匙马黛茶；
1/2茶匙甘草根粉；
1茶匙酸橙皮，
　外加2片薄薄的酸橙，用于装饰；
500毫升沸水；
冰块。

1.将马黛茶、甘草根和酸橙皮放入茶壶中，加入沸水，冲泡5分钟。
2.将茶汤过滤到玻璃罐中冷却。
品饮：将茶汤倒入2个平底玻璃杯中，加入冰块搅拌，每杯放一片酸橙用于装饰。

玫瑰橙霜茶（2人）

水温：100℃　冲泡时间：4分钟　类型：冷饮　加奶：否

木槿花冲泡时会将茶汤染成漂亮的深红色，所以很多草本茶都将其作为原料。蜂蜜中和了玫瑰果和木槿花的酸味。这是一款抗感冒、促消化的绝佳饮品。

1茶匙干木槿花；
8个整个的玫瑰果，压碎；
3个整个的丁香；
1茶匙橙皮，
　外加2片橙子，用于装饰；
500毫升沸水；
4茶匙蜂蜜；
冰块。

1.将木槿花、玫瑰果、丁香和橙皮放入茶壶中。
2.加入沸水，冲泡4分钟。
3.将茶汤过滤到玻璃罐中，加入蜂蜜搅拌，待其冷却。
品饮：在两个平底玻璃杯中放入冰块，然后倒入冷却的茶汤，并放入橙片作为装饰。

黑加仑利口酒（2人）

水温：100℃ 冲泡时间：5分钟 类型：鸡尾酒 加奶：否

黑加仑利口酒是用黑加仑制作的一款味道独特的甜味利口酒。茴香在地中海饮食中十分流行，以其甘草般的香气惊艳四方。

3汤匙压碎的茴香籽；
400毫升沸水；
60毫升伏特加；
60毫升黑加仑利口酒；
冰块。

1.将茴香籽放入茶壶中，加入沸水，冲泡5分钟。
2.将汤汁倒入鸡尾酒调酒器中冷却。
3.加入伏特加和黑加仑利口酒，并用冰块填满调酒器，用力摇晃30秒。
品饮：将鸡尾酒过滤至两个鸡尾酒杯中。

特殊工具
鸡尾酒调酒器

阳台小调（2人）

水温：100℃ 冲泡时间：5分钟 类型：鸡尾酒 加奶：否

洋甘菊具有独特的菠萝味，可以很好地掩盖波旁威士忌的烟熏味。此款飘香四溢的鸡尾酒是夏日夜晚的一种享受。

5汤匙干洋甘菊；
400毫升沸水；
120毫升波旁威士忌；
1/2茶匙薰衣草苦味酒；
冰块。

1.将洋甘菊放入茶壶中，加入沸水，冲泡5分钟，将汤汁过滤到调酒器中冷却。
2.加入波旁威士忌和薰衣草苦味酒，再用冰块充满调酒器，用力摇晃几秒钟。
品饮：将鸡尾酒过滤到鸡尾酒杯中。

特殊工具
鸡尾酒调酒器

路易波士茶香鸡尾酒（2人）

水温：100℃　冲泡时间：5分钟　类型：鸡尾酒　加奶：否

将经典的马提尼酒（martini）变换一下，就可成为“蒂提尼酒”（teatinis），即茶香马提尼酒。在本款鸡尾酒中，用甜苦艾酒而非干苦艾酒搭配具有独特杜松味的杜松子酒。路易波士茶果香浓郁，有什么理由不用呢？

2汤匙路易波士茶；
400毫升沸水；
60毫升杜松子酒；
60毫升甜苦艾酒；
冰块；
4条螺旋状的酸橙皮，用于装饰。

特殊工具

鸡尾酒调酒器

1.将路易波士茶放入茶壶中，加入沸水，冲泡5分钟。

2.将茶汤过滤到调酒器中冷却。

3.加入杜松子酒和苦艾酒，并用足量的冰块填满调酒器，然后用力摇晃几秒钟。

品饮：将鸡尾酒倒入鸡尾酒杯中，放上酸橙皮作为装饰。

柠檬马黛茶香鸡尾酒（2人）

水温：100℃　冲泡时间：5分钟　类型：鸡尾酒　加奶：否

有些人认为马黛茶喝起来有些像绿茶，不过马黛茶也有淡淡的烟草香，所以可以与柠檬酒混搭。一定要记得放冰块，因为这一款甜味鸡尾酒。

3汤匙马黛茶；
400毫升沸水；
120毫升柠檬酒；
冰块；
4条螺旋状的柠檬皮，用于装饰。

特殊工具

鸡尾酒调酒器

1.将马黛茶放入茶壶中，加入沸水，冲泡5分钟。

2.将茶汤过滤至调酒器中，待其冷却。

3.加入柠檬酒以及足量的冰块，填满调酒器，用力摇晃几秒钟。

品饮：将鸡尾酒过滤到鸡尾酒杯中，用螺旋形的柠檬皮装饰。

路易波士茶香鸡尾酒　本款鸡尾酒在马提尼酒的基础上做了些改变，加入草本植物和酸橙，果香四溢。

橙子香料果昔（2人）

水温：无　冲泡时间：无　类型：果昔　加奶：杏仁奶

此款奶油果昔清爽可口，橙味颇浓，富含维生素C。具有排毒舒缓效果的橙皮和姜正是清晨提神所需要的。

1个橙子榨出的汁，
　外加1茶匙碎橙皮；
1/2茶匙姜末；
350毫升低脂原味酸奶；
2茶匙火麻籽；
120毫升甜杏仁奶。

特殊工具
搅拌机

1.将橙汁、橙皮、姜、酸奶和火麻籽放入搅拌机中，充分搅拌。
2.加入杏仁奶后继续搅拌，直到变为奶油状。
品饮：将饮料倒入2个平底玻璃杯中，立刻饮用。

桂花刨冰（2人）

水温：100℃　冲泡时间：5分钟　类型：刨冰　加奶：否

桂花以其令人舒缓的甜香味著称，常常加到绿茶中。在此款刨冰中，桂花与荔枝搭配出一种有泡沫但口感清淡的饮品，会给人留下深刻的印象。

1汤匙干桂花；
240毫升沸水；
4汤匙罐装荔枝浆；
8个荔枝罐头中的荔枝；
240毫升椰汁；
4个冰块。

特殊工具
搅拌机

1.将桂花放入茶壶中，加入沸水，冲泡5分钟，静置冷却。
2.将茶汤过滤到搅拌机中，加入荔枝和荔枝浆，以及椰汁，充分搅拌至细滑。
3.加入冰块，搅拌至冰碎。
品饮：将刨冰倒入2个平底玻璃杯中，立刻饮用。

水果泡沫刨冰（2人）

水温：100℃　冲泡时间：5分钟　类型：刨冰　加奶：否

苹果和梨中的果胶是一种天然的增稠剂，搅拌后这款刨冰的泡沫绝对会让你大吃一惊。玫瑰水可以略微增加些甜味，而水果皮中的槲皮素则可以增强免疫系统。

1个梨，去核切片，不削皮；
1个苹果，去核切片，不削皮；
1茶匙柠檬皮；
1.5茶匙玫瑰水；
10个冰块。

特殊工具
搅拌机

1.将梨片、苹果片、柠檬皮和玫瑰水放入搅拌机中，倒入240毫升水，搅拌至细滑。
2.加入冰块，继续搅拌，直至冰碎。
品饮：将刨冰2个平底玻璃杯中，立刻饮用。

香甜路易波士刨冰（2人）

水温：100℃　冲泡时间：5分钟　类型：刨冰　加奶：否

新鲜的水果刨冰最好立刻饮用，否则会很快化掉。小豆蔻粉有助于消化、排毒、抗感冒，还能赋予甜桃一种香料的辛香。

1上尖汤匙路易波士茶；
500毫升沸水；
2个新鲜或罐头装的桃子，去核切片；
1/2茶匙小豆蔻粉；
3茶匙蜂蜜；
5个冰块。

特殊工具
搅拌机

1.将路易波士茶放入茶壶中，加入沸水，冲泡5分钟，过滤后静置冷却。
2.将桃、小豆蔻芬和蜂蜜放入搅拌机中，倒入冷却后的茶汤，搅拌至细滑。
3.加入冰块，搅拌至起沫。
品饮：将刨冰倒入两个平底玻璃杯中，立刻饮用。

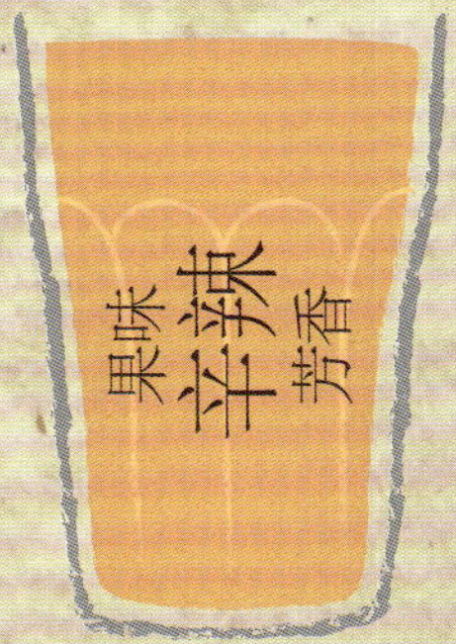

热带清爽冰激凌苏打（2人）

水温：无　冲泡时间：无　类型：冰激凌苏打　加奶：否

此款甜品介于果昔和冰激凌苏打之间。天然薄荷为此款饮料增色不少，不过真正的亮点在于：最上层的酸奶冰激凌会在姜汁泡沫的带动下上下浮动。

1个奇异果，去皮切碎；
5片大一点的薄荷叶，
外加2小枝，用于装饰；
65克菠萝，切块；
2大勺香草酸奶冰激凌；
240毫升姜汁啤酒或姜汁汽水。

1.将奇异果、薄荷叶、菠萝和120毫升水放入搅拌机中，然后搅拌至细滑。
2.将混合物倒入两个平底玻璃杯中，每杯加入一大勺酸奶冰激凌。
品饮：上面倒些姜汁啤酒，用薄荷枝点缀，用吸管饮用。

特殊工具
搅拌机

薄荷果昔（2人）

水温：无　冲泡时间：无　类型：果昔　加奶：杏仁奶

本款奶昔使用的是绿薄荷，因为其他薄荷对比之下都显得颜色浅淡。牛油果会带来柔滑的口感。虽然加入了水和杏仁奶，不过还是需要羹匙来品饮此款果昔。

1/2个牛油果，将果肉挖出；
1/4根黄瓜，去皮去籽，切块；
2汤匙切碎的绿薄荷；
175毫升甜杏仁奶。

特殊工具
搅拌机

1.将牛油果、黄瓜和绿薄荷放入搅拌机中。
2.倒入175毫升水和杏仁奶，搅拌大约1分钟，直至混合物细滑。
品饮：将果昔倒入两个平底玻璃杯中。

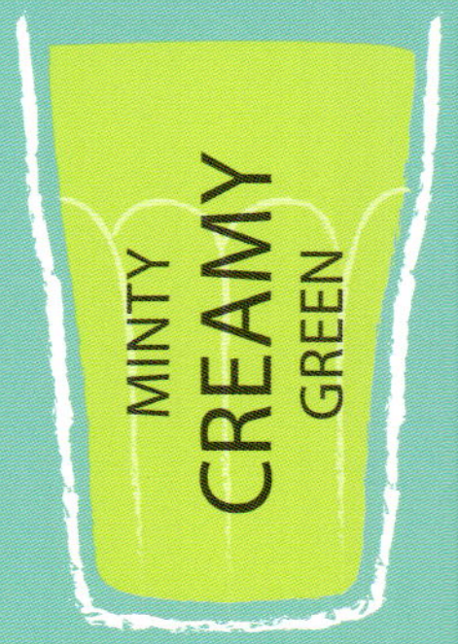

热带清爽冰激凌苏打　姜汁啤酒和酸奶冰激凌共同打造出此款富含泡沫的饮品。

芦荟刨冰（2人）

水温：无　冲泡时间：无　类型：刨冰　加奶：无

用一种甜甜的水果与一种草本植物搭配，看起来似乎很怪，但是罗勒的薄荷味和甘草味绝对与草莓不相冲突。芦荟汁做成的刨冰泡沫很多，会带给你意想不到的惊喜。

10颗草莓，切片；
2汤匙切碎的罗勒叶；
240毫升芦荟汁；
4个冰块。

特殊工具
搅拌机

1.将草莓、罗勒叶和芦荟汁放入搅拌机中，搅拌至细滑，并出现泡沫。泡沫之所以很多，主要源于芦荟汁中的凝胶。
2.加入冰块，继续搅拌至冰碎。
品饮：将刨冰倒入两个平底玻璃杯中。

玛雅落日（2人）

水温：无　冲泡时间：无　类型：果昔　加奶：杏仁奶

本款风味独特的饮品可以根据个人口味调整甜度。如果你很有冒险精神，可以尝试多加一些辣椒粉。

2汤匙未加糖的可可粉；
1/4茶匙磨碎的肉桂；
1茶匙辣椒粉；
3汤匙蜂蜜；
150克日本豆腐，切块；
350毫升杏仁奶。

特殊工具
搅拌机

1.将可可粉、肉桂和辣椒粉放入搅拌机中，加入蜂蜜、豆腐和杏仁奶。
2.搅拌至细滑。
品饮：将饮品倒入两个平底玻璃杯中。

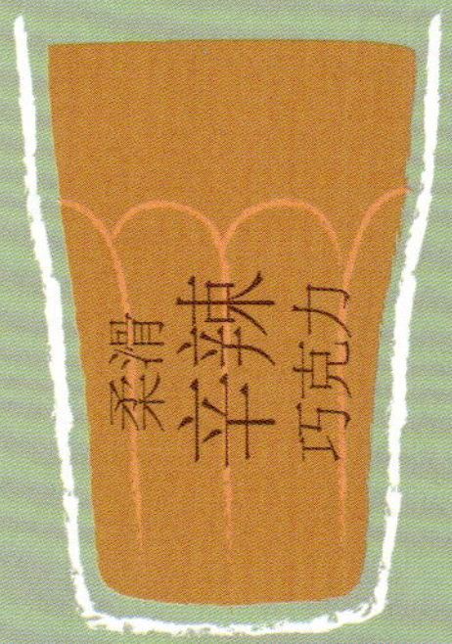

椰子青柠冰激凌苏打（2人）

水温：100℃　冲泡时间：5分钟　类型：冰激凌苏打　加奶：椰子冰激凌

本款饮品香气浓郁，泡沫丰富，极富异域风情，品饮时有种置身热带岛屿的感觉。青柠叶的柑橘味道从椰子冰激凌的柔滑中脱颖而出。

8汤匙撕碎的青柠叶；
一捏薰衣草花蕾；
240毫升沸水；
2大勺椰子冰激凌；
240毫升冰镇苏打水。

1.将青柠叶和薰衣草花蕾放入茶壶中，加入沸水，冲泡5分钟。
2.将茶汤过滤至一个玻璃罐中，冷却后放入冰箱，冷藏1小时。
品饮：将1大勺椰子冰激凌放入平底玻璃杯中，倒入茶汤，轻轻搅拌，加入冰镇苏打水，即可饮用。

阳光芒果果昔（2人）

水温：无　冲泡时间：无　类型：果昔　加奶：杏仁奶

本款果昔呈现的是柔和的黄色，这主要得益于姜黄素，姜黄根的明黄色也源于此。姜黄根富含抗氧化成分，与芒果和酸奶搭配，做成了此款口感甘甜润滑的果昔。

1个芒果，切片；
1茶匙切碎的姜黄根或$1\frac{1}{2}$茶匙姜黄粉；
150毫升低脂原味酸奶；
1茶匙蜂蜜；
300毫升甜杏仁奶。

特殊工具
搅拌机

1.将芒果、姜黄、酸奶和蜂蜜放入搅拌机中，搅拌几秒钟。
2.加入杏仁奶，继续搅拌至细滑。
品饮：将果昔倒入两个平底玻璃杯中。

术语表

收敛性（ASTRINGENT）：茶汤入口后的质感，会让口腔组织收缩。

阿育吠陀（Ayurveda）：印度一种传统的医学体系，以植物为主要治疗手段。

秋摘茶（AUTUMNAL）：9月至10月采摘的茶叶，味道圆熟。

稠度（BODY）：茶汤的整体口感，常与红茶有关。

茶砖（BRICK TEA）：一种压缩的茶饼，将蒸青后的茶叶压缩成砖的形状。

鲜爽（BRIGHT）：对红茶味道的一种描述，特点是微涩清新。

醇厚（BRISK）：品茗时用来描述浓郁微涩的口感，常用来描述红茶，尤其是锡兰红茶。

咖啡碱（CAFFEINE）：一种天然的兴奋剂，幼嫩的叶芽中含有这种化学成分，以保护自己免受昆虫的侵害。

茶树（CAMELLIA SINENSIS）：一种常绿灌木，叶和芽可以制成茶叶。茶树分为两种：大叶种和小叶种。

儿茶素（CATECHINS）：一种多酚，具有极强的抗氧化作用。茶叶中的儿茶素有助于稳定自由基（即因环境污染而受损的细胞）。

茶道（CHANOYU）：一种复杂而正式的日本茶仪式，其中动作、程序、茶具等都有严格的规定。

茶筅（CHASEN）：由一段竹子精细切割而成的搅拌器，用来打抹茶。

茶碗（CHAWAN）：一种结实的瓷碗，日本茶道中用于冲泡抹茶。

栽培品种（CULTIVARS）：与具有某种口味或特点的茶树杂交而成的培育品种。

汤汁（DEC℃TION）：用沸水煎熬草本植物而成的汤剂。

发芽（FLUSH）：茶树在采摘季萌发新芽，一年多次。

盖碗（GAIWAN）：中国的一种带有杯盖和杯托的茶具，材质一般为瓷器或玻璃，用于品尝少量的茶。

等级（GRADE）：斯里兰卡、肯尼亚和印度用来确定茶叶优劣的一种方法，评判标准仅为外形。

茶饮（INFUSION）：用热水（或冷水）冲泡茶叶后形成的饮品。

杀青（KILL GREEN）：蒸青或炒青绿茶的过程，防止茶叶发酵。

L-茶氨酸（L THEANINE）：茶叶中一种独特的氨基酸，可以舒缓压力并提升健康。

茶汤（LIQUOR）：将冲泡的茶过滤后得到的汤汁。

口感（MOUTHFEEL）：饮茶时口中的感觉，比如柔、涩、润滑。

香气（NOSE）：茶汤的香味。

传统制法（ORTHODOX）：制作茶叶的一种方法，旨在尽量保持茶叶的完整性。

发酵（OXIDATION）：茶叶与氧气和热接触后，其中酶全部或部分发生化学分解的过程。

炒青（PAN-FIRED）：制作绿茶的过程中将茶叶放在锅中翻炒，使其干燥，也称杀青。

白毫（PEKOE）：新生茶芽上的细微绒毛；也是英国茶叶分级体系中的一个标准，表明茶叶等级较高。

多酚（POLYPHENOLS）：属于抗氧化剂，有助于身体排毒。茶叶中的多酚含量大约是水果或蔬菜的九倍。

普洱（PU'ER）：中国云南省的一种黑茶，富含益生菌，并且随着时间的推移而增长，有散茶和茶饼两种形式。

草本茶（TISANE）：用植物的根、茎、叶、花、果、籽冲泡而成的饮品。

风土条件（TERROIR）：茶树生长的具体条件。

鲜味（UMAMI）：日本用来描绘味道的一个术语，很多日本绿茶都具有这种味道。

精油（VOLATILE OILS）：茶叶中的芳香油，遇到热和氧气时会挥发出来。

宜兴（YIXING）：中国江苏省的一个地区。宜兴紫砂壶是以深紫色的黏土为原料，手工制作一种未上釉的茶壶。

索引

黑体页码为配方所在页。

D

E

F

G

H

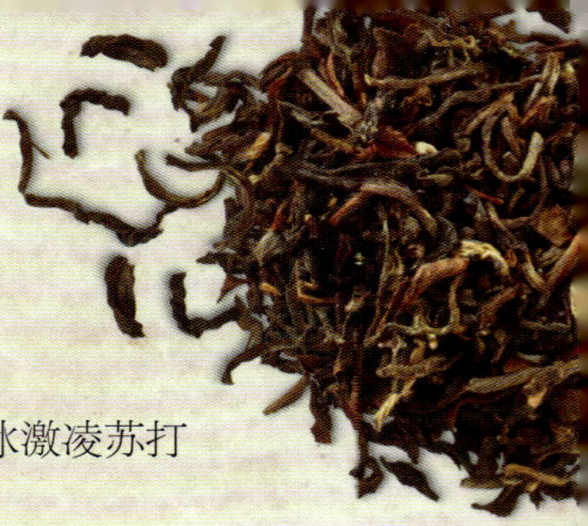

作者简介

琳达·盖拉德（Linda Gaylard），加拿大人，毕业于多伦多的乔治·布朗学院茶艺师专业，获得加拿大茶叶协会颁发的茶艺师资格。2009年，琳达已是一位颇具影响力的服装师，但毅然放弃先前的职业，创建了一个茶艺网站，并因此成名。除此之外，琳达还为国际茶叶期刊撰写文章，接受电视访问，出现在生活类的视频博客中，并主持各种品茗活动。

因为对茶叶知识的渴求，琳达的脚步已遍布世界各地，其中包括中国和韩国在内。她走访茶园，与制茶人攀谈，品尝优质茶叶。此外，琳达定期参加世界茶叶博览会等全球各地的茶展，并举办讲座。

致谢

本书作者在此感谢朋友和家人（尤其是安格斯、马尔科姆和罗杰）的鼓励，以及业内同仁的慷慨大方。在作者眼中，茶叶行业宛若一个大家庭，每个人都愿意分享知识，共同庆祝彼此的成就。此外，还要感谢DK出版社的编辑凯茜·沃利，是她让我们一直朝着正确的方向前进。

DK出版社在此感谢Chinalifetea.com网站的Don Mei和Celine Thiry，嘉悦茶道学会的Peter Cavaciuti、Michi Warren和Teiko Sugie，以及Jeunghyun Choi，分别感谢他们在中国功夫茶、日本茶道和韩国茶礼方面对本书的贡献。

此外还要感谢：

摄影：William Reavell

家政学家：Jane Lawrie

道具设计：Isabel de Cordova

校对：Claire Cross

索引：Vanessa Bird

编辑助理：Bob Bridle

设计助理：Laura Buscemi

制图助理：Simon Mumford

地图说明

本书74~129页，地图中的树叶代表著名产茶区，绿色区域代表茶区，后者覆盖面积更大，与气候类似的地理区域相仿。

图片出处说明

出版商在此感谢以下人士允许本书使用他们的图片：

（说明：a—上；b—下；c—中；l—左；r—右；t—上）

14(b) Linda Gaylard, 66(tc) Linda Gaylard, 91(tr) Christopher Pillitz © Dorling Kindersley, 119(br) Barnabas Kindersley © Dorling Kindersley, 128–129(bc) Linda Gaylard, 36(cl) Mark Winwood © Dorling Kindersley, Courtesy of RHS Wisley.

其他图片 © Dorling Kindersley